# 山を買う

福崎 剛

ヤマケイ新書

# はじめに

山は、そもそも誰のものでもなかった。

その山を最近は「買いたい」という人が増えているという。山を買うという行為は、不動産の取得だけに終わる話ではない。

本書は、山を買いたい人が増えている状況を、単なるキャンプ目的で切り取ろうとしているわけではないし、マイホームを選ぶように、「物件としての山の選び方」のノウハウを解説する内容でもない。

山は誰のものなのか……江戸時代は、江戸幕府直轄の天領や領地として藩の管理下にあったり、朝廷が所有したりしていた。しかし、私たちが考えるような現代の所有権は、明治時代以降に生まれたものだ。地租の金納への転換を目的として、土地の「所有」を認めたのである。その結果、私有が認められ、土地の売買が可能になり、仲介業者も出現した。

例えば、マイホームを購入しようと考えるとき、仲介する不動産業者がいる。不動産屋では、賃貸から分譲の物件まで紹介してくれる。家を建てる土地も取り扱っている。分譲マンションであれば、デベロッパーがモデルルームを用意して販売している。

だが、山は一般的な不動産屋では売り出していない。山だけではない、農地もそうだ。例えば、自分で食べる程度の野菜を栽培したい人は多い。ところが、そういう人たちは公共の菜園を借りることはできても、農地を借りたり、誰かが所有する田畑を購入したりすることは容易ではない。農業を生業としている人には当たり前だが、農地は宅地のように簡単に貸し借りや売買はできないのである。

その理由は農地法で規制されているからだが、そもそも「農地は国力」であるという考えが背景にある。食糧を生産する農地は、国力の根源と位置づけられているのである。そのため農地の権利移動をする場合は、農業委員会または知事の許可を要するし、農地転用に関しては、知事の許可が必要になる。

では、山はどうだろうか。不動産登記法によると、土地の用途を示す「地目」が「山林」になり、「耕作の方法によらないで竹木の生育する土地」とされている。要するに、農地の「田」「畑」とは異なる位置づけになる。

山林は農地に近い印象があるが、宅地のように売買できる。最近は山林の購入者が増えて、山を仲介する不動産業者も散見されるようになったものの、5、6年前は和歌山にある「山林バンク」くらいしかなかった。

山林は、宅地のように情報をオープンにして売買するものではなく、所有者も限られ、購入する側も多くはなかった。そのため相続するケースがほとんどで、相続の際に売却物件が出るくらいだ。そうした情報も親族や地元の人を通じて知る程度で、公に売買する機会は少なかったのである。

かつて山林は、大きな財産という認識で、「何かあれば山でも売ればいい」と言われるほどだった。しかし、それも材木が高値で取引されていた時代の話だ。資産価値は、市場経済の振り幅で一気に変わる。山のニーズが下がり、資産価値は長らく低迷してしまった。所有者は毎年のように固定資産税を払わなければならず、「いっそ売却してしまおう」と考えることもあれば、「祖先から引き継いだ山だから、大事に守って後継者に渡そう」と考えることもある。

山林の価格が下がっていたときに、「お笑い芸人のヒロシさんが山を買った」というニュースが流れた。3、4年前から第2次キャンプブームが到来しており、静かなキャンプブームがさらに加速している時でもあった。

アウトドアは自然の中で過ごす手軽なレジャーで、キャンプ場を利用すれば手間もかからない点も親しみやすい。キャンプブームを背景にヒロシさんはキャンプの動画配信で登録者数や再生回数を伸ばし、いまではBS放送でキャンプ番組を持つまでになっている。

2020年の流行語大賞にも選ばれた「ソロキャンプ」は、ヒロシさんから発信された言葉だ。同じくキャンプ好きのお笑い芸人のバイきんぐの西村瑞樹さんもプライベートキャンプ場をつくろうと山を購入した。また、TBSの深夜番組でジャニーズの小山慶一郎さんと加藤シゲアキさんが出演する『NEWSな二人』では、実際に売りに出されている山林を見分しながら最終的には二人が山を購入するまでの様子を放映して注目を集めた。

いまや山を購入するのは、ほとんどがキャンプのためというように思えてくるが、山は自動車や家のような消費財とは違う。

農地が国力を支える土地だとすれば、山林は国土の土台と言えるかもしれない。水源地を擁し、国有林が広く生育する山林には多様な野生動物も棲息する。長い年月とともに築かれた生態系のバランスは、サステナブルな環境のためにも重要だとされている。

山林を個人が購入し、どういう目的に利用しようが、それは自由だ。しかし、少なくとも山を買うのであれば、その山がどう引き継がれて来たのか、周辺の動植物の分布はどうなっているのか、いかに環境保全に努めるのか、管理はどうするのか、誰に引き継ぐのかを考えておきたい。


山林は、豊かな自然の恵みを与えてくれるだけでなく、時には防災機能を発揮することもあれば、時には災害を引き起こすこともある。場合によっては山主の賠償責任が問われることもあり、山林の適正な管理をこころがけておくことが重要である。

エベレストを最初に登頂したと言われるジョージ・マロリーは、山を登る理由を訊かれて「そこに山があるからだ」と答えたという。

さて、あなたが山林を購入する理由を訊ねられたら、いったい何と答えるだろうか。

本書は、山林の購入に関心を寄せる人のために、山林を所有することのメリットやデメリットから、山林の魅力をよく知る購入者の話のほか、山林を取り巻く課題や森林政策などにも触れている。第1章では、新型コロナウイルス禍で都心から郊外や地方へ里山を求めるニーズと、キャンプブームで山を求めるニーズが重なった状況を踏まえた山の様相に焦点を当て、第2章では山林の購入者からの話をまとめた。第3章では山林購入の流れと管理や課題を取り上げ、第4章では山林に関わる問題点の一部を俯瞰してみた。

山を相続した人もいれば、自然保護のために山を買う人もいるし、プライベートキャンプのためや理想のキャンプ場を求めて山を購入する人もいる。購入動機はどうであれ、山を持つことで多くの幸がもたらされるとなれば、山林ニーズはもっと高まり、国土は豊かになるだろう。

本書が、少しでも山林を購入したい人の参考になれば幸いである。

２０２１年２月１日

# 目次

## 第3章　山林売買から管理まで

## 第4章 山林を取り巻く世界の現状

# 第1章

# 山の様相が変わる時代

## 新型コロナウイルスのパンデミックが世界を変えた

２０２０年、「山を買いたい」という人が急に増えた。これまでマイホームを建てたい、買いたい人は多かったが、山林を買い求める人はかなり珍しかった。

ところが、山のニーズの声はどんどん高まっている。マイホームの購入を考える第1次取得層である30代から40代を中心に、山林購入希望者が増えているというのである。山林に対する意識が大幅に変わってきている。その理由のひとつはキャンプブームの延長にあるが、もうひとつは新型コロナウイルスの感染拡大によって過疎な地方や里山に注目するようになったからだ。それを知ったのは、新聞社系週刊誌の取材をしていたときである。そこでまずは、コロナ禍で山林へ目を向ける人たちに着目してみよう。

「住まいの都心回帰は終わる」というテーマで、都心のオフィスの空室率やオフィスの借り換えを進める企業を取材して、不動産会社や評論家などから話を聞いていた。２０２０年5月の頃である。

何人もの取材をした中で印象的だったのは、山梨県北杜市にあるリゾート不動産「スリーツリーズ八ヶ岳」の代表・金子佳弘さんから聞いた話だ。

「3月でしたか、東京から来られた年配のご夫妻のことです。すぐに入居できる物件を探しているという話でした。アポもない飛び込みのお客様ですから、夫婦で旅行中にふと立ち寄った程度だろうと思っていました。これまでの経験から、購入を考えているお客様は事前に周辺の下調べをしていることが多いのですが、そういう様子も感じられませんでした。初老のご夫妻は都内で事業をしているとの話でしたが、最初に案内した物件を気に入られて、いまから契約したいと言われました。あまりに性急な展開だったので、『契約していただくのはありがたいですしうれしいのですが、ほかの物件も見たり、いろいろ検討してからでもよいと思いますよ』と契約を思いとどまってもらうくらいでした」

なぜ、ここまで契約を急いだかというと、東京でも新型コロナウイルス（COVID-19）の感染が広がりはじめていたからだ。感染の波が一気に押し寄せる前に、東京を脱出しようという考えだったのだろう。

高齢者が感染すると、高熱と咳が続き、呼吸困難を伴うなど重篤化すると言われている。データを若年層と比較すると、高齢者ほど死に至るリスクが高い。要するに、未だ感染が広がっていない地方の安全な住居を求めて、八ヶ岳の近くに辿り着いたのだ。

これほど新型コロナウイルスによるパンデミックが、世界をすっかり変えてしまったのである。感染が止まらないのは、毎日のようにニュースで発表される感染者数の増大が、信頼のおけない単なる記号にしか受け取れなくなってしまったこともある。

自覚症状のない感染者は、そのまま日常生活を続けるために家族や周りの同僚、友人に感染を広めているとは夢にも思っていないのだろう。テレビやスマホの画面を通して伝わる情報は、すべて向こう側（非現実、またはVR＝バーチャルリアリティな世界）と思い込んでいる節がある。だから、身近に感染者が出て重症化したり、死者が出たりして、はじめて急に現実を実感するのだ。

最初の緊急事態宣言が発出されたのが２０２０年４月７日。そこから半年以上経ってもPCR検査の受付体制は改善された印象はなく、毎日発表される検査数も感染者数の数字は都合良く操作されているようで、真実はよくわからないのが実態だろう。医療現場だけがリアルな感染者の増大の対応に疲弊し、マンパワー不足で危機的な状況に陥っているだけだ。しかし、感染が時に死と直結するという危機感が、先の老夫婦を八ヶ岳エリアへと追い立てたのは間違いない。その選択が正解だったのかどうか判断がつかないが、１年も経たない２０２１年１月７日、再び緊急事態宣言が１都３県に発出された。

これまで多くの人にとって、山里エリアは訪れるもので、豊かな自然を満喫できる「非日常」の場であった。一方、「日常」は街中にあった。それが逆転したケースがコロナ禍で起きたのだ。これは価値観の逆転に近い側面がある。ウイルス感染の予防を最優先にするのであれば、人口密度の低い郊外や地方、さらに過疎の山里エリアで暮らせば安心感は増すだろう。

東京から特急で2時間弱の距離に位置する八ヶ岳エリアには、都心にはない緑豊かな自然環境がある。八ヶ岳周辺は、登山者を含む観光客が週末や休日を利用して訪れる観光地としても魅力的だ。だが、それは非日常だったからだ。リゾート地に出かけるのもそこに非日常を求めるからで、リゾート地に暮らすと、そこはもうリゾートではなくなり、日常の場になる。コロナ禍は、その日常と非日常の場を逆転させるライフスタイルを強いるほど、強いインパクトを与えていると言える。これからは「ニューノーマル」や「新しい生活様式」になると言い始めたのは、コロナ禍以前の生活とコロナ禍後の生活は違ってくるという意味だ。では、ニューノーマルな生活を実践する場所は、どこになるのか。

郊外都市なのか、田舎なのか、それとも山里なのだろうか。これまでとは違った価値観で、安心して暮らせる場所探しが始まったのが2020年だったのである。

## 「トカイナカ」への移住がすすまない理由

山林の購入に注目が集まると同様に、郊外や地方への移住を考える人が増えているという報道がテレビや雑誌、ネットニュースなどでも盛んに取り上げられた。ところが、移住を考える人はいても、実際に行動にうつす人はほとんどいなかった。テレワークを導入しはじめた企業が増えた春先から夏にかけての時期だったこともあり、まだ具体的に引っ越しを決断している人がいなかったのだろう。メディアに露出する人たちは、ほとんどがＩＴ関連企業の社員で、普段からテレワークをしているようなもので参考にはならない。

日立製作所は２０２０年5月に在宅勤務を標準とすることを発表し、富士通は7月に、約8万人の国内グループ従業員の勤務形態を基本的にテレワーク勤務とすることを発表した。さらにＮＴＴグループもオフィス部門の半数をテレワークにする方針を打ち出したこともあり、主体の働き方がテレワークにシフトしていくとなれば、都心から離れ、郊外や地方移住の可能性も見えてくる。

これを好機として、都会と田舎の要素を併せ持つ「トカイナカ」へ移住すべきだと提唱している一人が経済アナリストの森永卓郎さんだ。30年以上も前から所沢に家を構え、新型コロナの感染が広がるまで、平日は仕事場である東京都心のワンルームマンションに寝泊まりし、週末は所沢の自宅で過ごしていた。以前、週刊誌のインタビューで話を聞いたときには、「もっと郊外のトカイナカに目を向けるべきです」と言っていた。

その理由は、こうだ。

企業がテレワークを導入し、出社するのは週に1度か2度になり、あとは自宅で仕事をすればよくなる。会議もパソコンでできる。そうなれば、満員電車の通勤から解放されるから、狭くて地価の高い都心に住む必要がないというわけだ。郊外や地方へ向かえば、地価も安く広い家を借りたり購入したりもしやすくなる。

企業側からすれば、都心に用意するオフィスは最小限でよくなり、地価の安い場所に移転すると固定費が大幅に節約できる。実際、オフィスを縮小したり、移転したりする企業も少なからずあるものの、まだ様子見の企業が多い。夏場あたりから感染者数が減少すると、テレワークから通常の勤務に戻す企業が増え、トカイナカへの注目は少しかすみ始めたかに思えた。

ところが、9月7日には東京都の1日の感染者数が76人まで減ったものの、少しずつ増減を繰り返しながら、12月31日には1300人超にまで達する状況で、どうも減る様子はない。こうなると、やはりトカイナカへの引っ越しを真剣に考える人も増えそうな気配だ。ただし、勤務先の方針によって、今後テレワークでずっと対応できるのか、通常勤務に戻るかは不透明なままだ。

テレビ東京のニュース番組で紹介された30代の若い夫婦は、渋谷の2LDKの賃貸マンションから群馬の戸建てを購入して移住者の成功者のように映っていたが、東京の勤務先がテレワークをやめて通常の通勤スタイルに戻せば、また通勤に便利な都心の賃貸を借りるのだろうか。それとも移住先で新たに仕事を求めることになるのか、見通しがつかないままの決断は誰もが二の足を踏む。だから、大手企業がテレワークを中心に導入すると発表しても社員たちが地方へ移住するような話は聞こえてこないのである。

そんな中で、政権の顔色をうかがうように、思い切った発表をしたのが人材派遣最大手のパソナだ。本社機能を淡路島に移し、2024年5月末までに東京本社から人事や広報など1200人ほどを異動させるという。竹中平蔵さんがパソナの会長であることを考えると、政治がらみの特殊な事情があるのではと勘ぐりたくなる。

コロナ禍では、都心は感染リスクが高く、やはりトカイナカが理想的な居住地として浮上する。では、具体的な地域はどういう場所になるのだろうか。都心から圏央道あたりの距離に位置する、首都圏の衛星都市がトカイナカにあたると言われる。

簡単にまとめると、次のような条件を備えるのが理想になる。

・駅前にはショッピングモールがあり、食料品や生活雑貨の買い物には不自由しない。
・庭付きの戸建てが購入しやすい。
・駅周辺から少し離れると自然が残っている。
・個人のプライバシーが守られる（田舎にありがちな住民同士の監視、干渉がない）。

具体的な町の名前を挙げるなら、つくば市、八王子市あたりは、トカイナカでも都心に近いほうになるだろう。ショッピングモールの有無は別として、都心から公共交通機関を使って90分程度の距離に位置するような町は、トカイナカになりそうだ。例えば、秩父、青梅、八街、富津や勝浦、土浦、大月、佐久、富岡あたりも最適なトカイナカに挙げられるだろう。山に近いところもあれば、海に面した町もある。とはいえ、トカイナカは里山と同じではない。ただし、コロナ禍がきっかけとなってテレワークが広がり、郊外や地方都市に居住しながら勤務が続けられる可能性が出てきたのは確かだろう。

感染リスクを避けようと、人口密度の低い里山を求める人がいることはすでに述べた。山林や里山でなくても、感染リスクが低ければトカイナカへの引っ越しは増えるかもしれない。だが、思い切った移住は進まないようだ。東日本大震災で福島の原子力発電所の放射能漏れによって、日本中が被曝の危機に晒されたときも、積極的に他県に移住した人は少なかった。生命に影響がある被曝線量の高い地域の住民は強制的に避難させられたが、基本的に慣れ親しんだ土地を離れるのは簡単でないことを実感した（被曝後、すぐに死に至る状況であれば移住を決断したかもしれないが、そうでない限り、人は地縁のある土地は捨てられないのだ）。

そういう意味では、２０２０年４月から11月までの埼玉県の人口動態に変化が見られたのは小さな驚きである。東京から埼玉県へ転入した人が約４万８０００人も増えたのだ。これは都内に住む人たちのやむにやまれぬ選択だったように思える。

ところが、２０２１年１月４日のＮＨＫニュースでは、新型コロナウイルスによるテレワークの

埼玉県は動画で県の魅力をPRし、他府県からの移住者を呼び込もうとしている。2020年4月から11月、コロナ禍で東京から約4万8000人が埼玉県の南部に転入したことがわかった。

普及で、都心へのアクセスがよい埼玉県への移住が注目されているのではないかと報道されたのである。埼玉県によれば県南部のさいたま市で人口が増えているが、逆に県北部では人口減少が進んでいるという。これは、東京に近いエリア、つまり都心とのアクセスのよい地域に転入者が集中していると考えられる。要するに、都心に住む人の多くは、「快適便利」を最優先に考えた結果、やむを得ず東京に近い埼玉の南部地域に引っ越したと受け取るのが妥当だろう。埼玉県では県北部への移住を訴求するために動画などによる広報活動を予定しているというが、見当違いでしかなさそうだ。利便性がよくない上に産業も乏しい地域では、いくら移住を促しても効果は期待できないと思われる。

## 政府の地方移住支援は成功するのか

山林の売買を専門に行う和歌山の不動産業者「山林バンク」の辰己昌樹さんによれば、山林を求める人の半数が東京在住者だという。「山林を買う＝地方移住」とはならないが、コロナ禍で二地域居住を検討する人は少なくない。繰り返しになるが、テレワークへのシフトにより都心から引っ越したい人はいるものの、簡単にはできない事情もある。職住近接を求めるのは、地価が高くても給料も相応以上に高い都心だからこそ、個人で使えるお金も多く、消費を通しての充足感が得られるからでもある。例えば、地方で一軒家の家賃が5万円で、月給が20万円の生活よりも、東京で家

地方創生を訴える内閣官房・内閣府総合サイトでは、地方への移住や地方で起業する人へ最大300万円の支援金を用意している。

賃は10万円もかかるが月給が40万円ももらえるなら都心の暮らしを選ぶ人が多いだろう。誤解を恐れずに言えば、家賃は地方並みに安く、給与水準は東京並みに高いことが理想なのである。

ところが、地方自治体も内閣府の地方創生担当部局もあえて実現性が低いことに取り組んでいる。人口減少が進む地方では、めぼしい産業がないにもかかわらず、移住者に地元の企業に勤務することを望んでいる傾向が強い。様々な意味で選択肢が少ない地方への移住は、自力で生計を立てられる自営業やアーティスト、または投資家のような特殊な人材にしか考えにくい。移住で一時金をもらえるにもかかわらず移住者が増えないのは、その施策に魅力がないからだろう。むしろ、山林の購入者を地方に呼び込むほうが効果はありそうだ。

## 山林購入の火付け役はソロキャンプ

これまで山林の購入は特別で、一般的な不動産売買では話題にも上らなかった。そもそも山を買おうという発想が思い浮かばなかったからだろう。

そんな中、山を買った一人のお笑い芸人がいた。それがヒロシさんだ。田舎のホストクラブにいそうな今ひとつ垢抜けない風貌で、自虐的エピソードを語り人気を得た。しかし、気がつけばテレビのお笑い番組で見かけることは少なくなっていた。その芸人のヒロシさんがどうして山を買おうと思ったのだろうか。

『週刊プレイボーイ』の電子版（2020年4月18日付）に掲載されたヒロシさんのインタビューでは、2019年に山を買ったという。当初は無人島の購入を検討していたが、数億円だというので、「それは無理なので山にしました」と答えている。その山でのソロキャンプの様子を動画配信し、すでに7000万回以上の再生数に達するほど注目を集めている。いまではBS放送でキャンプ番組を持ち、書籍も多く手がけている。

動画の再生回数の多さにも驚くが、ソロキャンプに憧れを抱いているキャンパーがいかに多いかにも驚かされる。

キャンプと言えば、家族や親しい仲間と連れだって、自然の中でのんびりと過ごすのが醍醐味だろう。川で釣りをしたり、野外でBBQに舌鼓を打ったり、焚き火を囲んでとりとめのない話を語る時間を慈しむ……。そうした楽しみを求めるアウトドアレジャーでもある。

自分で山を所有すれば、いつでも山に入ることができる。自分の領地なのだから、他人の目を気にすることもなく、自由気ままに好きなことができる。

お笑い芸人ヒロシさんの山に対する購入動機は、シンプルで素直だ。安かったため山林にしたという。だから、多くの人が共感したのだろう。

ヒロシさんの話を聞き、「自分でも山林が買えるかもしれない」と思った人は少なくない。何百坪、何千坪の山林が数十万円から数百万円で購入できることを知れば、買ってみたくもなる。贅沢

京都から発信している、山林の売買を扱う「山いちば」のサイト。山林の購入方法や手続き、税金ほか、Q&Aなど情報が充実している。

岡山で田舎暮らしや山暮らしの物件情報などを発信している「自然と暮らす」サイト。一般住宅から古民家やログハウス、山林まで扱っている。

を知らなかった人間が、ちょっとした金額で贅沢を味わえるのであれば、それを経験してみるのも悪くないと思うのと同じ心境だ。

ヒロシさんの山林購入に刺激を受けて、自分で購入しようと全国で行動を起こした人たちは、単純に山を買おうと思ったのではない。

昨今のキャンプ場の混雑状況にも原因がある。また、家族や親しい仲間とキャンプをしたいというニーズとは違い、一人で静かにキャンプをしたいという新たなニーズを掘り起こしたのである。いわゆる、「ソロキャンプ」（＝おひとりさまキャンプ）である。そこで山を売買する不動産屋の注目が集まりだしだ。数年前まで、山林を売買している不動産屋の存在を知る人はほとんどいなかったが、最近では様々なメディアから取材を受け、テレビ番組の企画にまで絡むほどになった和歌山の「山林バンク（マウンテンボイス）」をはじめ、京都の「株式会社山いちば」や飛騨高山の「山林売買.net（すみれリビング株式会社）」、「森林ネット（ＪＡＧフォレスト株式会社）」、岡山への移住支援をしている「自然と暮らす株式会社」のほか、全国の森林組合の中には、組合員の山林を売りに出しているところもある。

山林のニーズが広がったことで、所有する山林の処分に困っていた売り手も積極的に売却しようと取り組みはじめ、少しずつ山林売買の不動産業者の情報が広まってきたのだ。

世相を反映する『現代用語の基礎知識』選　２０２０ユーキャン新語・流行語大賞」では、「ソロキャンプ」が流行語大賞のトップテンに選ばれ、まさに時代を象徴する現象になった。山林売買に火をつけたのは、ソロキャンプだったのである。

## プライベートキャンプ場のニーズの高まり

プライベートキャンプを目的に山林を購入したい人からの問い合わせが急増している。日本オートキャンプ協会によれば、２０１３年以降、キャンプ人口は増加の一途だという。ブーム到来ということなのだろうか。だとすれば、キャンプ用に山林を欲しいと思っていた人は以前からいたと考えられる。ただし、山林をどこで買えばいいのかわからなかったのだろう。もうひとつは、山林が数十万円から購入できると思っていなかったことも理由だろう。

少なくとも、コロナ禍でキャンプブームになったわけではない。たまたま、公共交通を使った旅行や宿泊施設、飲食店等での感染リスクが高いため、マイカーでアクセスできるキャンプ場に人気が集まった。矢野経済研究所のプレスリリース（２０２０年12月２日付）の「アウトドア市場に関する調査を実施」によれば、コロナ禍で広がった一人でキャンプを楽しむ「ソロキャンプ」を実践する人たちが、キャンプ場の平日稼働率を上げ、キャンプ需要が広がっているのである。

さらにキャンプ場施設の充実度が増し、シャワーや水洗トイレが整備され、キャンプ場内では電源が使用できるなど、清潔で快適便利さを追求しているところが増えたことで、キャンプ初心者も気軽に利用しやすく、来場者も増加した。

コロナ禍で三密を避けたいファミリーや若い世代が新たにキャンプを始めた影響もブームを支えている。また、これまでアウトドアレジャーに関心の薄かった若い女性たちは、キャンプがインスタ映えするイベントとして捉え始め、キャンプシーンに新しい風を吹き込んだ。

ここで少し、キャンプブームの変遷を振り返っておこう。

キャンプ場という場合、オートキャンプ場を指す。自動車にテントや小型調理器具、寝袋などキャンプ道具を乗せ、自然に囲まれた野外で料理を作って食べたり、散策したり、星空を眺めてのんびりと過ごすレジャーがキャンプである。自家用車が普及し始めた1970年代に、オートキャンプ場が新しくオープンするとたちまち人気のレジャースポットになり、「アウトドア＝キャンプ」を楽しむ生活スタイルがトレンドになった。80年代になると多くの企業が週休二日制を導入し、余暇に使える時間が増えた会社員たちは、手軽に宿泊型レジャーとしてキャンプに出かけるようになる。1984年には、オートキャンプ人口は400万人になった。子ども連れの30代から40代のファミリー層を中心に、その人気はさらに大きなブームの波に乗り、1989年にはオートキャンプ人口は800万人まで増えた。そしてバブル経済に後押しされるように1996年には最大のピークに達し、実に1530万人がキャンプに興じたのである。そしてバブル崩壊後の長い景気後退でオートキャンプ人口も市場も縮小してしまい、2000年には1020万人に減り、2005年には740万人まで落ち込んでいたのだ。

日本オートキャンプ協会（『オートキャンプ白書2020』）によれば、2010年から2019年までの10年間で、オートキャンプ人口はおよそ140万人も増えている。2010年から2012年まではオートキャンプ人口が720万人で横ばいだったが、2013年から3年連続で30万人ずつ増え、2015年には810万人までになった。その後も毎年のように増えており、2019年には860万人までになった。つまり、7年連続でキャンプ人口が増えたのである。特に2019年は、キャンプ歴が浅いビギナー層が多くなる傾向があった。これは推測に過ぎないが、お笑い芸人のヒロシさんが山を購入してプライベートキャンプをし始めた時期と重なっているため、その情報がSNSなどで拡散されたことに影響があるような気もする。それまでキャンプといえば、子ども連れファミリーが多く、二世帯でのキャンプのほか、友達同士の子ども連れファミリーのグループなどもいた。そこに、ひとりでキャンプをする新しいタイプのソロキャンパーが登場したのである。友人同士や夫婦など、ふたりでキャンプを楽しむ層も一定数はいた。ただし、ひとりでキャンプを楽しむ人は多くはなかった。キャンプ歴のないビギナー層が「ソロキャンプ」をしたいという理由で、アウトドア用品を買い求めに来るほど、新たなニーズが広がりを見せているのである。

**直近10年間のオートキャンプ参加人口推移(万人)**

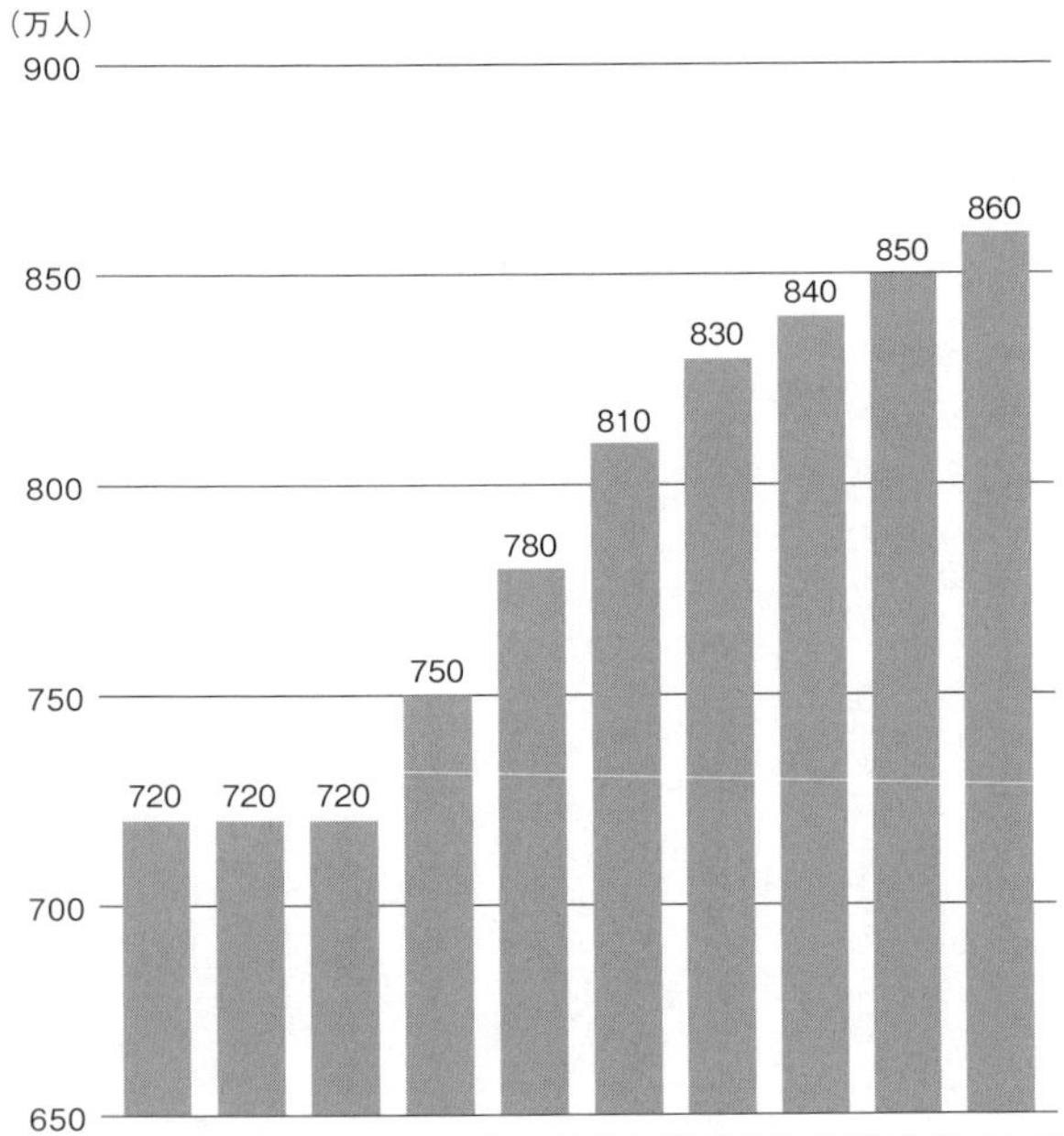


| 年 | 2010 | 2011 | 2012 | 2013 | 2014 | 2015 | 2016 | 2017 | 2018 | 2019 |
|---|---|---|---|---|---|---|---|---|---|---|
| 万人 | 720 | 720 | 720 | 750 | 780 | 810 | 830 | 840 | 850 | 860 |

日本オートキャンプ協会『日本オートキャンプ白書2020』より直近10年間のオートキャンプ参加者数に基づいて筆者が作成。720万人だった10年前から140万人も増えている。最近はファミリーから、ソロキャンプをする人まで、幅広い層がキャンプを楽しんでいる。

そして、2020年は新型コロナウイルスの感染拡大が影響し、三密を避けたい人たちがキャンプ場へ多く出向いた。1回目の緊急事態宣言の発出された4月から5月は、キャンプ場が混雑してしまうほどの賑わいを見せた。それまでキャンプに関心のなかった新しい層が、ソロキャンプ利用者と重なり、キャンプ人口全体を着実に押し上げたのだ。

キャンプ場が賑わう時期は、春先や初夏から紅葉シーズンまでで、冬はオフシーズンだった。ところが、ソロキャンプをする人が増えたことで、キャンプ場の利用時期に変化が見られるようになった。これまで予約が集中しやすい週末や連休ばかりではなく、休日以外の平日だったり、来訪者が減る冬場でもキャンプを楽しむ人がいるため、年間を通したキャンプ場の稼働率も上がっているのである。

また、こうしたキャンプブームを背景に、プライベートキャンプに憧れた人たちが割安な山林を購入したり、自分が理想とするキャンプ場を開設するために広い山林を買い求める動きも出て来た。すでに紹介したお笑い芸人のヒロシさん以外にも芸能人たちが次々とキャンプを始め、そのキャンプの様子を動画やブログを通じて発信すると、トレンドに敏感な若い世代からの反響を得た。キャンプ動画を見たのをきっかけに、キャンプに興味を持った人もいる。

こうした新たなトレンドは、山林の売買市場を刺激し、地方の里山などへの経済効果も生み出しただけでなく、アウトドア市場にも波及した。特にソロキャンプ向け商品など、アウトドア用品業界では新しいニーズに応える商品開発が盛んになっている。

ここで、先に紹介した矢野経済研究所の調査結果のグラフに目を転じてみよう。この調査ではアウトドア市場を「登山」「ライトアウトドア」「アウトドアスポーツ」「ライフスタイル」の4つのスタイル分野に分類している。ちなみに、キャンプはライトアウトドア分野に含まれる。国内アウトドア市場を牽引する要因のひとつは、キャンプ歴の浅いビギナー層だ。例えば設営が簡単な軽量テントや、面倒だった燻製料理が手軽にできる調理器具、焚き火台まで販売され、従来のキャンプスタイルとは違う、ソロキャンプをターゲットにした商品の販売も好調なのである。

グラフで最も注目したいのは、構成比率が最も高いライトアウトドア分野（キャンプ、ハイキング、野外フェス等）で、2017年は2624億円だったが2020年には約200億円増の2822億円にまで伸びている。このように、矢野経済研究所の分析によれば、アウトドア市場が成長を続けていることから、「新型コロナウイルス感染拡大の影響で一時的にマイナス成長へ転じるものの、今後数年は堅調な伸びを示す見通しである」としている。

新型コロナウイルスの感染リスクで、日本国内では外出自粛が促され、旅行などの非日常の楽しみができなくなった。外食や旅行など、遊興費への消費がほとんどなくなったために、通信販売でのショッピングでお金を使う人が多くなっている。キャンプ愛好家たちは、最新の高機能なキャンプ用品にも関心が高い。そうなれば、キャンプで使ってみたいだろう。キャンプ用品市場が活況に

アウトドア市場スタイル分野別市場規模推移（単位：百万円）

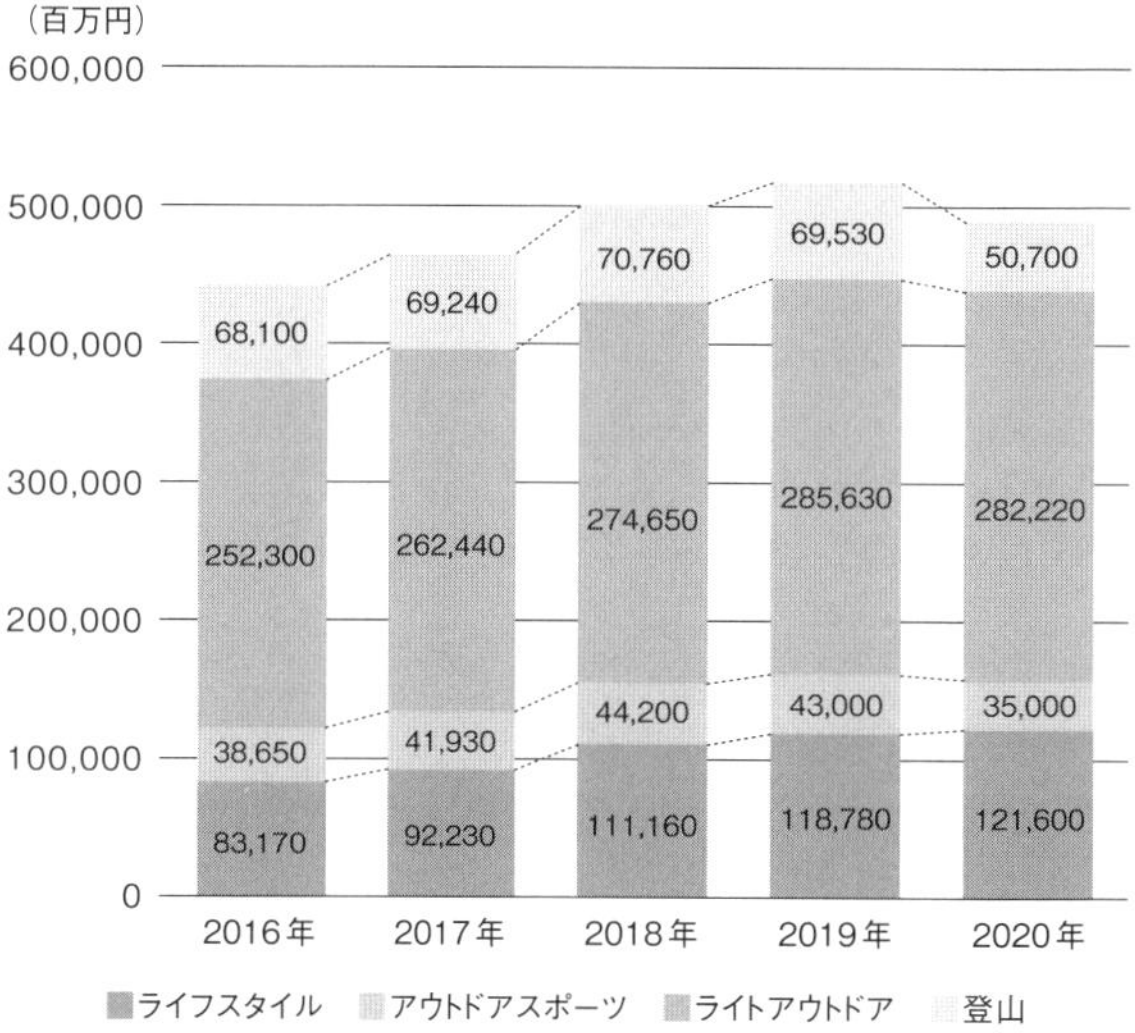


| スタイル分野／年 | 2016 | 2017 | 2018 | 2019 | 2020（予想） |
|---|---|---|---|---|---|
| ライフスタイル | 83,170 | 92,230 | 111,160 | 118,780 | 121,600 |
| アウトドアスポーツ | 38,650 | 41,930 | 44,200 | 43,000 | 35,000 |
| ライトアウトドア | 252,300 | 262,440 | 274,650 | 285,630 | 282,220 |
| 登山 | 68,100 | 69,240 | 70,760 | 69,530 | 50,700 |
| 合　　計 | **442,220** | **465,840** | **500,770** | **516,940** | **489,520** |

株式会社矢野経済研究所の国内アウトドア市場に関する調査を実施した結果のプレスリリース（2020年12月2日付）に基づいて筆者作成

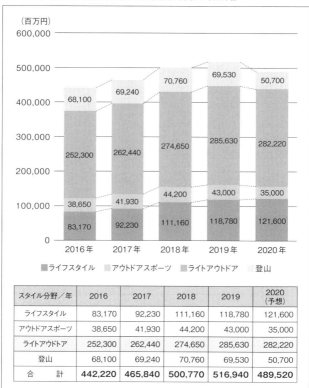

なると、それを使用する機会が増え、またキャンプへ出かけるという好循環が生まれる。直近の7年間でキャンプする人口が増えているのも好循環の裏付けになるだろう。

このことから、コロナ禍で一時的な市場の落ち込みはあっても、キャンプ人口の増加はまだまだ続くと見ていい。

山林を購入した人たちの中にはプライベートキャンプのためもあるが、既存のキャンプ場とは違う独自のエンターテイメントのプログラムを提供しようとキャンプ運営を考える人もいる。キャンプ場の運営や経営に関心を寄せる人が少しでも増えることで、キャンプの楽しみはもっと多彩に広がるだろう。それが新しいキャンプ人口の広がりにも影響を与えていくのは間違いなさそうだ。

つまり、山林を購入してキャンプ場を開設しようとする人たちにとっては、今後もしばらくは非常に有望な市場であることが推測できる。

## 山林を購入することで、危機回避ができるのか

1回目の緊急事態宣言で、「ステイホーム」はストレスを溜め込むばかりで、発散する機会を誰もがうかがっていた。そんなときに注目を集めたのがキャンプだったのである。

新型コロナウイルス感染については、空気の通りがよい野外で過ごすことがよいとされていたため、街中では三密を避けるために多くの人が公園に向かった。ところが多くの人が公園に集まると、公園に密ができるという矛盾が生まれ、人々は車で自然豊かなキャンプ場へと向かい出した。だが、同じように考えた人たちの車が増え、週末などは、普段は静かな県道が渋滞を起こすほど混雑を招いてしまった。

新型コロナウイルス感染拡大をきっかけに、アウトドアに関心を向ける人が増えたこともあり、キャンプは大きなブームとなっている。

もともと山やアウトドアが好きでキャンプ場に通っている人たちからすれば、にわかキャンパーはマナー違反をすることも多く、トラブルを引き起こす原因にもなりやすい、と一緒になるのを嫌がる傾向にある。

あるキャンプ愛好家はゴールデンウィークに富士山周辺のキャンプ場に出かけたものの、すでにテントが張れないほど混雑していたと話す。

「町営のキャンプ場なら空いているのではと思って、そちらに行きましたが、そこでも驚くほど人がいました。設備もよくないんですけど、ほかのキャンプ場が混んでいたので、少しは人が少ないと期待していたんですが……」

好きなキャンプもままならない状況に、ますます自分専用のキャンプ場が欲しくなったという。

実際、前述の「山林バンク」の辰己さんに状況を聞くと、例年にないほどの問い合わせがあるという。

「件数は昨年（２０１９年）の10倍以上です。8月だけで約５００件、そのほとんどは東京からです。30代から40代の人が増えました。しかも全体の３割は女性です」と辰己さんは答えてくれた。

コロナ禍で山林購入に飛びつくのは、あまりにも単純過ぎると思われる。山林を購入した人たちのインタビューは第2章で紹介するが、誰一人としてコロナ禍を避けるために山林を買い求めてはいなかった。たまたま取材した人たちの中で、購入時期がコロナ禍と被っただけなのだろう。

山林バンクのホームページを見ると、北海道から九州まで全国の山林が売りに出されている。例えば岐阜県の３万７０００坪の山林が70万円、北海道の８０００坪の山林が１３０万円、宮城県の９３００坪の山林で４８０万円となっている。宅地に比べると広さと価格が2桁近く違うほどに格安だ。高額な山林でも１２５０万円で、広さは32万坪のため決して割高ではない。

では、山林を物色している人たちは、どういう目的で購入しようとしているのだろうか。昨年の問い合わせでは、圧倒的にキャンプ用として自分専用の山林が欲しいという理由が多かったという。たまたま、新型コロナウイルスの感染拡大で三密を避けてアウトドアで過ごすことはリスクが低いとなったために、キャンプブームと重なり山林の購入を検討する人たちが増えたというわけだ。

２０１９年以前は、50代から60代からの問い合わせが中心で、リタイア後に過ごす場所として物色

山林の売買では17年のキャリアを誇る「山林バンク」のサイト。売却の山林は、北海道から九州まで全国におよぶ。サイトに未掲載の物件も多数ある。

したり、林業関連によるものがほとんどで、キャンプ目的で探す人は少なかったと辰己さんは振り返る。

コロナ禍では、人口が集中する都市部は感染リスクが高く、そのリスク回避のために過疎な地域へ関心が向くことは当然だろう。だが、トカイナカや山林へ向かえば危機回避になるのだろうか。もしも、コロナ禍の感染リスクを避けたいために山林の購入を考えているのなら、もう一度考え直したほうがいい。山林は、感染病からの避難場所でもなければ、感染防止が保証される場所でもないのである。

## 外国人が水源地の山林を購入しているという噂は本当か

山林は水源の涵養機能を持つ。やさしく説明すれば、ふたつの機能があり、ひとつは、山林の土壌が降水を一時的に貯留することにより、河川へ流れ込む水の量を平準化している。降水の河川への流量を自動調整するように働くため、洪水を緩和することができるのである。また、雨水が山林の土壌を通過することにより、濾過する効果がもたらされて水質を浄化する機能を果たす。

つまり、きれいな水源を維持するためには、山林が必要というわけだ。ところで、山林購入の話題が出ると、必ずと言っていいほど出てくるのが外国人の土地取引だろう。森林の水源涵養機能に着目して整備される森林のことを「水源林」と呼ぶが、この水源林のある山林を外国人が買い漁っているという噂である。この件について調べてみたものの、どうも噂ばかりが先行して、実際に水源を目的として水源林を購入しているのか事実はわからなかった。これについては、全国の山林を手広く扱う山林バンクの辰巳昌樹代表も実態がわからないという。

「何年も前のことですが、某大手新聞社から中国人が水源林を買っているらしいが、売ったことはあるかと取材で訊かれたことがあります。売ったこともありませんし、私の知る限り外国人が水源を目的に山林を買ったという話も直接聞いたことはありません」

外国人が水源林を買っているという話には、主にふたつのエピソードが結びつけられて拡散したのではないかと思われる。

ひとつは、２００８年に公開された映画『ブルー・ゴールド　狙われた水の真実』がきっかけではないかということだ。このドキュメンタリー映画は、世界で起きている様々な水資源の争奪を描いたもので、例えば開発途上国に水道事業の民営化を迫る水メジャーと呼ばれるような企業が水資源を独占し、アフリカのある国では水道代が高騰し、貧しい国民の多くが安全で衛生的な飲料水を飲めない状況が起きていると問題提起したのである。この映画公開後には、東京財団政策研究部から政策提言「日本の水源林の危機～グローバル資本の参入から『森と水の循環』を守るには～』

水源地買収 「さらなる規制を」

# 15自治体 国に意見書

外資による水源地の森林買収が相次いでいる問題で、規制を強めた昨年4月の森林法改正以降も、15の自治体（広域連合を含む）が国にさらなる規制を求める意見書を提出していたことが25日、林野庁への取材で分かった。北海道では23日に水源地売買の取引監視を強化する条例が成立、埼玉県でも26日に同様の条例案が可決される見通しだ。国の動きの鈍さをよそに、自己防衛する自治体が増えている。

**水源地買収問題**

| | |
|---|---|
| **【意見書を出した自治体】** | |
| 埼玉県 | 久喜市 |
| 石川県 | |
| 金沢市 | |
| 長野県 | 信濃町 |
| | 山ノ内町 |
| | 佐久市 |
| | 佐久広域連合 |
| 岐阜県 | 本巣市 |
| 愛知県 | 日進市 |
| 兵庫県 | 養父市 |
| 佐賀県 | 上峰町 |
| | 鳥栖市 |
| 熊本市 | |
| 大分県 | |
| 宮崎県 | 小林市 |
| **【条例検討の県】** | |
| 埼玉県(3月26日可決予定) | |
| 山形県 | |
| 群馬県 | |
| 長野県 | |
| **【条例可決の自治体】** | |
| 北海道 | |
| 北海道 | ニセコ町 |
| 山形県 | 尾花沢市 |
| 山梨県 | 富士吉田市 |
| | 忍野村 |
| 鳥取県 | 日南町 |
| 宮崎県 | 小林市 |

## 北海道では条例成立

法務省によると、土地売買契約に登記申請は義務づけられておらず、登記簿上の所有者が真の所有者と異なる場合もある。

### 法整備遅れ

北海道で成立した条例は、水源地周辺で土地を売買する場合、売り主が契約の3カ月前に道に届け出る「事前届け出制」とし、所有者や売買予定地の情報を把握するものだ。事前に分かれば、自治体が外資の代わりに買い上げるなどの対抗策も可能になる。

ただ、それ以上の規制は難しい。民法上、日本の土地所有権は「世界一強い」ともいわれ、絶対・不可侵性が原則。所有者は地下水をいくらでもくみ上げる権利があり、河川法に基づいて利用が制限される表流水と扱いが異なっている。

これまでに地下水取水を包括的に制限する国の法律はなく、2年前に自民党側の議員立法としてようやく規制法案が提出されたが、継続審議扱いのままで一向に前進していない。

### 知らぬ間に

林野庁によると、外資による森林地取得は平成18～22年で北海道と山形、神奈川、長野、兵庫各県の40件約620㌶に及ぶ。ただ、この数字は氷山の一角にすぎない。

森林地の売買はそもそも1㌶未満であれば届け出義務がなかった。

このため、国会は昨年4月、森林法を改正し、全ての所有権の移転について事後届け出を義務づけた。だが、買収を未然に把握するための措置として不十分との意見書が15の自治体から出ている。

昨年12月に意見書を出した熊本市は、「外資による森林買収が拡大し続けた場合、水源の100％を地下水でまかなっている市として不安」と規制を求めた。

また、水資源が豊富な長野県佐久市が、昨年9月に提出した意見書は、「国民に必要な水まで国外に流出する可能性を秘めているとともに、日本固有の歴史的、伝統的な景観を保全する上で障害となる」と訴えた。

埼玉県内ではいまのところ、外資による水源地の買収は確認されていないが、各地で水源地買収問題が広がった昨年から対策を検討し始め、条例は26日に可決する見通しだ。長野、山形、群馬の3県も条例づくりを検討している。

### 「死活問題」

一方、市町村レベルで条例を制定した自治体の中には先駆的な例も。北海道ニセコ町では昨年5月、水質保全が必要な保護区域内での開発を規制する「水道水源保護条例」と、過剰な取水を制限する「地下水保全条例」を制定。2つの条例で規制の網をかぶせた。

町内の15の水源地のうち、2つがすでに外資所有になっていたことが条例のきっかけになった。

町の担当者は「水源地を整備したいときなど、外資にどうやって連絡を取ったらいいのか。水源地を自分たちで管理できなくなるのは死活問題」と話した。

水問題の専門家で国連に技術的な助言もしている吉村和就氏は、「省庁間の縦割り行政もあり、国による規制は遅々として進んでいない。水は国民が直接に関与し、しかも国益。国土を外資から守るために一刻も早く法整備を進めるべきだ」と指摘している。

2012年3月26日掲載の産経新聞。北海道の外国資本による水源地買収状況の調査結果を受け、条例の制定による対策を記事にしている。

（2009年1月）が発表されている。この提言の序章で「日本の森と水が狙われている～水源林を守り、『森と水の循環』を維持せよ」の中で、紀伊半島の奥地水源林（三重県大台町）に中国資本が触手を伸ばした、との記載がある。しかし、断念したということで、中国が水源林を買ったとは明言していない。2012年には、「水源地買収　さらなる規制を」の小見出しで、産経新聞が水源地買収問題で意見書を国に提出した15の自治体を記事にした（3月26日付）。この中で、北海道ニセコ町の15の水源地のうち2つが外資所有になっており、「水道水源保護条例」を制定するきっかけになったと報じている。

ふたつ目は、中国が抱える水問題である。

居住地が海外にある外国法人または外国人と思われる者による森林買収の事例

| 都道府県 | 市町村 | 取得主体 | 取得者の住所地 | 森林面積(ha) | 利用目的 |
|---|---|---|---|---|---|
| 北海道 | 富良野市 | 法人 | 中国(香港) | 0.4 | 未定 |
| | 蘭越町 | 法人 | 中国(香港) | 4 | 未定 |
| | | 個人 | シンガポール | 2 | 資産保有 |
| | | 個人 | タイ | 0.03 | 資産保有 |
| | | 個人 | オーストラリア | 0.04 | 資産保有 |
| | ニセコ町 | 法人 | 英領ヴァージン諸島 | 2 | 未定 |
| | | 法人 | 中国(香港) | 1 | 資産保 |
| | | 法人 | 英領ヴァージン諸島 | 2 | 資産保有 |
| | | 法人 | シンガポール | 1 | 別荘地開発 |
| | | 法人 | 中国(香港) | 0.3 | 不明 |
| | | 法人 | 中国(香港) | 0.2 | 不明 |
| | | 法人 | 中国(香港) | 0.2 | 不明 |
| | | 個人 | タイ | 4 | 未定 |
| | | 個人 | 中国(香港) | 3 | 別荘用地 |
| | 留寿都村 | 法人 | シンガポールと日本の共有 | 0.5 | 資産保有 |
| | | 法人 | 中国(香港) | 2 | 資産保有 |
| | | 法人 | 中国(香港) | 5 | 資産保有 |
| | | 個人 | 中国(香港) | 2 | 資産保有 |
| | 倶知安町 | 法人 | 中国(香港) | 12 | 未定 |
| | | 法人 | 中国(香港) | 2 | 資産保有 |
| | | 個人 | 中国(香港) | 0.05 | 不明 |
| | | 個人 | 中国(香港) | 2 | 別荘用地 |
| | 上富良野町 | 個人 | シンガポール | 3 | 資産保有 |
| | 洞爺湖町 | 法人 | サモアと日本の共有 | 93 | 資産保有 |
| | | 法人 | オーストラリア | 12 | 資産保有 |
| | 弟子屈町 | 個人 | オーストラリアと日本の共有 | 1 | 資産保有 |
| | 計 | | 26件 | 154 | |
| 長野県 | 軽井沢町 | 個人 | 中国(香港) | 0.2 | 資産保有 |
| | | 法人 | 中国 | 4 | 資産保有 |
| | 計 | | 2件 | 4 | |
| 愛知県 | 新城市 | 個人 | 中国 | 0.07 | 不明 |
| | 計 | | 1件 | 0.07 | |
| 福岡県 | 直方市 | 法人 | タイ | 4 | 太陽光発電 |
| | 計 | | 1件 | 4 | |
| 沖縄県 | 石垣市 | 個人 | 中国(香港) | 0.7 | 住宅、宿泊施設等 |
| | 計 | | 1件 | 0.7 | |
| 合計 | | | 31件 | 163 | |

＊森林面積は小数点第1位を四捨五入して(1ha未満であるものは、有効桁数1桁の小数)で表示。
計の不一致は四捨五入によるもの

林野庁のサイトでは「居住地が海外にある外国法人又は外国人と思われる者による森林買収の事例」として、買収した森林面積や利用目的まで公開している。

２０１２年頃の中国は、水資源量が世界の5パーセント程度しかなく、しかも河川の水量の7割近くが飲料に適さないほど汚染されていたのである。中国政府は水資源確保のためにチベット高原の雪解け水を黄河につなぐなどし、そのパイプラインの総延長は５０００キロメートルを超えるほど大掛かりな水輸送計画を進めていた。それほど良質な水資源が不足していたのである。つまり、水を巡る経済戦争が世界で起きており、水資源が不足している中国が日本の水源林を狙って購入しているイメージが一人歩きしてしまったのだろう。

さらに、２０１１年に東日本大震災が起きたことで、デマや流言飛語が広まりやすくなっていたこともある。復興という絆を共有し、頑張ろうと奮い立って日本中が敏感になっていたときに、先ほど説明した北海道のニセコ町で水源林が外国資本に買われていたことがわかったのだ。なお、ニセコ町では「水道水源保護条例」と「地下水保全条例」を制定し、届け出や許可のない水源地の開発や地下水の揚水を規制しており、水資源の無秩序な採取を防いでいる。また、他の多くの自治体でも同様な規制をかけて、水源地の山林を守っているのが現状である。

林野庁では、「居住地が海外にある外国法人または外国人と思われる者による森林買収の事例」をホームページで公表している（２０２０年5月8日付）。利用目的は「資産保有」が最も多く、「未定」「不明」もあり、ここからただちに水源を狙った買収があったとは言い切れないのである。意外かもしれないが、日本では外国人や外国資本による土地取得に規制はない。そのため土地取引

### 土地取引規制制度（国土利用計画法に基づく）

| 制度の区分 | 事後届出制 | 事前届出制<br>（注視区域） | 事前届出制<br>（監視区域） | 許可制<br>（規制区域） |
|---|---|---|---|---|
| 根拠 | 23条～27条の2 | 27条の3～5 | 27条の6～9 | 12条～22条 |
| 施行時期 | 1998年<br>（平成10年）9月<br>（1974-1998年は事前届出制） | 1998年<br>（平成10年） | 1987年<br>（昭和62年） | 1974年<br>（昭和49年） |
| 区域指定要件 | なし<br>（右3区域以外の地域） | ・地価の社会的経済的に相当な程度を超えた上昇又はそのおそれ<br>・適正かつ合理的な土地利用の確保に支障を生ずるおそれ | ・地価の急激な上昇又はそのおそれ<br>・適正かつ合理的な土地利用の確保が困難となるおそれ | ・投機的な取引の相当範囲にわたる集中又はそのおそれ、及び地価の急激な上昇又はそのおそれ等 |
| 対象面積要件 | 市街化区域　2000㎡以上<br>その他の都市計画区域　5000㎡以上<br>都市計画区域外　10000㎡以上 | | 都道府県知事等が規制で定める面積（左の面積未満）以上 | （面積の要件なし） |
| 届出（申請）時期 | 契約締結後2週間以内 | 契約締結前 | | 契約締結前<br>（許可制） |
| 勧告（許可）要件 | 利用目的のみ | 価格及び利用目的 | | 価格及び利用目的<br>（不許可基準） |
| | ・公表された土地利用計画い適合しないこと等 | ・届出時の相当な価額に照らし著しく適正を欠くこと<br>・土地利用計画に適合しないこと等 | ・届出時の相当な価額に照らし著しく適正を欠くこと<br>・土地利用計画に適合しないこと等<br>・投機的取引に当たること | ・区域指定時の相当な価額に照らし著しく適正を欠くこと<br>・土地利用計画に適合しないこと等<br>・投機的取引に当たること |
| 措置 | ・知事の勧告<br>・措置の勧告<br>・公表<br>・土地に関する権利の処分のあっせん<br>・助言 | ・勧告等<br>・25条～27条準用 | ・勧告等<br>・報告徴収<br>・25条～27条準用、27条の5第2項、第3項準用 | ・許可または不許可（申請日から6週間以内に処分）<br>・許可を得ない契約は無効 |

※国土交通省の資料をもとに筆者作成

土地取引規制制度の概要をわかりやすく一覧にしたもの。事後届け出、事前届け出、許可のケースに分かれる。

の規制を設けようと政府は検討している段階だ。ただし、それも自衛隊基地や原子力発電所の周辺の特殊な土地を想定しているようだ。

国土交通省では、「国土利用計画法においては、土地の投機的取引及び地価の高騰が国民生活に及ぼす弊害を除去するとともに、適正かつ合理的な土地利用の確保を図ることを目的として、『土地取引の規制に関する措置』を定めています」としている。土地取引規制制度は、前ページで取り上げたものしかないのが現状だ。

ところで、水源林かどうかにかかわらず、山林を購入した場合は契約した後に届け出が必要になる。ほとんどの山林は都市計画区域外にあたるので、1万平方メートル（約3025坪）以上であれば、買い主が2週間以内に、市・区役所、町村役場の国土利用計画法担当窓口へ届け出なければならない。1万平方メートル未満なら「森林の土地の所有者となった届出」を出すことになる。詳しくは役所に直接問い合わせて確認すること。

なお、届け出をしなかった場合は、6カ月以下の懲役または100万円以下の罰金に処せられることがあるので、忘れずに届け出をしておきたい。

実はこうした所有権の移転について事後届け出を義務づけたことによって、外資による森林買収の取引監視の強化にもつながっているのである。

コラム

## 【水資源を守ることができるのか】

外国法人または外国人による水源地の買収が行われているという噂は、かなり以前から広まっている。北海道の独自の調査で、外国資本の山林買収の状況が判明して問題視されるようになった。水源地を含む山林の売買は、一部あったものの、その利用目的は「資産保有」や「不明」になっており、明らかに地下水の汲み上げなど、良質な水源を確保するためではない。多分に憶測が先行してしまったと思われる。想像力がたくまし過ぎるのか、愛国心が強いからなのかわからないが、我が国の水資源を奪われるのではないかと心配したのだろう。もちろん、水源を奪われるようなことがあってはならない。それよりも国土が簡単に売買されてしまう状況を防ぐ取り組みを早くからしておくべきだったのである。

日本は海に囲まれた島国で、水資源が豊富なために、水源を失うかもしれないという危機意識は低い。蛇口をひねれば、安全で衛生的な飲料水がいつでも出る。世界中を見渡せば、水道がない国が3割近くあり、アフリカ大陸では、安全な飲料水の供給が50パーセント程度の国も珍しくない。今後の世界人口の増大に対しても十分に水を供給できるのかが課題になっている。国連によれば、２０３０年には、世界人口は97億人まで増え、２１００年は１０９億人になると予想している。地球上の表層の水は循環しているため、川から海に流れる水、蒸発して雲になり、雨となる水。こうした循環する水の総量はほとんど変化しない。人口が増える中でも総量の変わらない水が必要十分に行き渡るのだろうか。そのため利用できる水資源の開発やインフラ整備は重要だとされている。二十一世紀が水戦争の世紀だと言われるのは、こうした水資源を巡る問題が背景にあるからだ。

世界の水事情を知れば、水資源が豊富な日本の水源地を買っておきたい外国資本や外国人がいても不思議ではない。日本は、現在でも外国資本による水源地の買収を法律で禁止していない。

一方、海外では外国資本による土地取引を制限している国も少なくない。各国によって状況は違うが、日本の水源地を守ることに関しては、いまのところ「地下水保全条例」によって、自治体レベルで防いでいる。

国土交通省の水管理・国土保全局は、「地下水関係条例の調査結果」（平成30年10月）を公表し、47都道府県で80条例、601地方公共団体で740条例を制定していることがわかった。これらの条例の目的は主に4つで、①地盤沈下、②地下水量の保全又は地下水涵養、③地下水質の保全、④水源地域の保全に分かれる。この中で最も多い条例数は、地下水質の保全で420、続いて地盤沈下が412、そして地下水量の保全又は地下水涵養が363となっている。これだけ条例で規制をかけているため、素直に考えて水源地を買収されても地下水を採取

## 地方公共団体の地下水関係条例の整理結果

47都道府県(100%)→　80条例
554市区町村(32%)→　660条例
合計　601地方公共団体　→　740条例を制定

条例の目的別制定数の分類

| 項　目 | 都道府県条例数 | 政令市条例数 | 一般市町村条例数 | 計 |
|---|---|---|---|---|
| ①地盤沈下 | 49 | 18 | 345 | 412 |
| ②地下水量の保全又は地下水涵養 | 26 | 10 | 326 | 363 |
| ③地下水質の保全 | 57 | 19 | 344 | 420 |
| ④水源地域の保全 | 19 | 5 | 145 | 169 |

※該当する条項毎に集計しているため、1条例でも複数の目的をもつ場合がある
2018年(平成30年)8月現在　国土交通省水資源部調べ

※「地下水関係条例の調査結果」国土交通省 水管理・国土保全局 水資源部(平成30年10月)より一部引用して筆者作成

することが難しい。水源地の開発行為の制限もあり、土地を買収されて勝手に活用される心配はしなくてよさそうだ。また、こうした条例に罰則規定を設けている地方公共団体も多く、懲役がある条例は200で、罰金までの規定がある条例が179になる。次が氏名の公表が54で、過料を定めている条例が19だ。

２０１１年５月、林野庁が外国資本による森林買収面積が６２０ヘクタールだと発表した。それが水源地買収による危機感を煽ったかたちになった。北海道ニセコ町では、同年９月に「水道水資源保護条例」「地下水保全条例」を施行して、防衛策を立てた。翌年の２０１２年には北海道で水資源の保全に関する条例が可

決されて、全道で外資による水源地（山林）の買収に規制をかけたのである。その結果、水源地である豊かな山林は守られているというわけである。

とはいえ、世界に目を向けると水を巡る状況は厳しい。水に関する問題は、ＳＤＧｓでも取り上げられており、どのように安定供給できるのか課題は多い。

# 第2章

# 山を所有する豊かな楽しみ

## 山林を所有する魅力とは

２０２０年あたりから、山林を所有することは難しくはないと各種メディアでも紹介され、山林の売買を扱う不動産業者には問い合わせが激増している。深夜番組でもキャンプ用の山を購入するバラエティ番組が放映され、注目を集めている。「山が欲しい」というニーズは、「山登りがしたい」よりも低い。にもかかわらず、山を欲しい人は増えている。その魅力はなんだろうか？　山林を購入した人たちにインタビューをすると、おおよそ次のような理由を挙げてくれた。

**【山を所有する理由】**

・自分の山があるという満足感、安堵感
・プライベートキャンプ場として使える
・キャンプ場開設・運営による事業展開を目指して
・資産づくり、投資としての楽しみ
・自然環境保全として（水源や山の植生を守る）
・里山づくり（山仕事の楽しさを味わえる）

・セカンドハウス的場所（サードプレイスとしての活用）
・憩いの場所（自然とふれあう場）
・山を育てる楽しみ
・山林は価格が安く、固定資産税も安い

山林を購入する目的は人それぞれだが、共通しているのは自然が好きであることだ。まず、宅地と比べて圧倒的に地価が安いので、手を出しやすい。例えば都心の23区内のマンション（70平方メートル、築10年）の相場価格を上位からみると、1位が港区で約6000万円から1億3000万円、10位の台東区で約3800万円から約7500万円、23位の江戸川区でも約3100万円から4200万円ほどにもなる（出典：HowMa マガジン「【2020年最新版】東京23区のマンション相場価格を徹底レポート！」）。こうした宅地の価格と比べると、山林の場合は数十万円から数百万円を出すだけで簡単に3000坪以上の土地を購入することができるため、非常に割安に感じてしまうのである。したがって、賃貸物件に暮らしながら、マイホームより先に山林を購入する人もいる。

また、いまはキャンプを前提にした山林購入者が注目されているため、売買市場が活況になってきている。買い手も見つかりやすく、売り手も売りやすい状況だ。一度購入して売りに出すと次の買い手が待っている人気の山林もある。

山林を所有すると大きな満足感というか、安堵感を持つ傾向があるようだ。山林バンクの代表である辰己昌樹さんに取材したときに、広さによって満足感が違う話をしてくれた。

「東京の方で、1万坪以上の山林を購入されたほとんどの人は、購入後に自分の山を訪ねることはないようです。どうしてなのかわかりませんが、満足して仕事に集中できるようになったという人がいました」

山主となった満足感が、精神的なゆとりになって仕事への集中力につながったのだろう。こればかりは、広大な山林の所有者にならないと理解できない心境かもしれない。

一方、個人的なキャンプ用として購入した人たちは、各自の山林の特徴である植生や沢や全体の景観、アクセスなどを総合的に評価している。そのため実用的に利用していることで満足度も高い。キャンプ場の開設や運営を目指す人たちは、特に時間をかけて山林を選んでおり、各自のビジョンを掲げて整備する傾向にある。実質利用できる広さや周辺環境に魅力を感じている。

投資で購入した人の場合は、長期保有による蓄財のためと同時に山を育てるという意識を持つようだ。山林は国土を形づくるものだと前に説明したが、山を育てるという発想は、国土をよい環境にしていく、適した山林をつくるという考えが底流にある。投資という面では、日本の林学の創始者とされる本多静六博士（東京帝国大学教授）は、地価の安い山林を買い続けて、木材の高騰とともに巨万の富を得たことで広く知られている。明治時代に山林に投資した本多博士は、ドイツ留学時の恩師（ルーヨ・ブレンターノ博士）から勤倹貯蓄して投資し、独立した生活をすることを勧められる。本多博士は恩師の言葉どおり、株式、山林、土地に投資し、日露戦争後の木材の値上がりで百万長者になった。ここまでなら投資家としての成功談で終わるが、本多博士は東大を定年退官後、所有する山林を処分して学校や育英団体に寄付し、奨学資金とした。その社会貢献の精神に胸打たれ、本多博士のように多くの山林に投資をしながら、植林し山を育てることが人生の楽しみになっている人もいる。具体的に投資による定期的な収入を期待する人は、電力会社の送電線のための鉄塔設置使用料や携帯電話基地局設置による使用料が入る山林に魅力を感じている。

自然環境保全を意識している人にとっては、山林を維持することが目的になり、所有していることで満たされる。山林を守ることは、水源の涵養、水資源の貯留、洪水の緩和、水質の浄化といった機能性を保全することになり、ひいては地球温暖化対策にもなると大きく期待している。こうした山林の機能性にメリットを感じている人も多い。

また、里山づくりなど、山道の整備や沢の流木の撤去のほか、草刈りや間伐など日々の手入れに喜びを感じる人もいる。山林の中で過ごせることにも魅力があるようで、この点に限ってはセカンドハウスを設けたい人や憩いの場として魅力を感じる人にも共通している。

キャンプにしても登山にしても、山で過ごす時間が「非日常」であることも魅力的であるのは間違いなさそうだ。また日々山で過ごすことに魅力を感じるケースもあり、こちらは「日常」としての山を楽しんでいる。例えば、家、職場（学校）以外に第三の居場所（サードプレイス）としての山の存在である。アメリカの社会学者レイ・オルデンバーグが、より創造的な交流が生まれる場所として挙げたのがサードプレイスである。サードプレイスとは、もともとは無料あるいは安い料金で、食事や飲料が提供されており、アクセスがしやすく、歩いていけるような場所で、習慣的に人が集まってくる、フレンドリーで心地よい居場所だとされる。日本では、一個人としてくつろげる居場所としての意味合いで使われることも多い。山林をサードプレイス（＝くつろげる居場所）に見立て、ソロキャンプやプライベートキャンプができる場として安らぎを感じている。キャンプでの焚き火や森林浴によって五感が研ぎ澄まされ、ストレスが解消されたり、心の平穏が取り戻せたりする効用を挙げる人が多い。

山を育てることに魅力を感じる人もいる。環境保全や山林に投資する人たちも何気なく「山を育てる」と口にする。山を育てるとは簡単に言えば、植林して何十年もかけて立派な木々を育て、生物多様性のある山の環境を整備することだろう。木々の成長に自分の人生を重ねている印象もあるが、理想の山林を少しずつつくっていく楽しみが山を育てるという表現に結びつくのだろう。

こうして見ると、山の魅力は様々で幅広いことがわかる。

## 山林を持つデメリットはあるか

山林を所有する目的は人それぞれで、メリットや満足を感じるポイントも異なる。では、デメリットはあるのだろうか？　山林の購入を検討している人にとっては、最も気になることだろう。山林を所有している人たちのインタビューからは、おおよそ次のような点が指摘された。

**【山を持つデメリット】**

・固定資産税がかかる
・維持管理が大変
・整備するには重機などが必要で費用がかかる
・自然災害（土砂崩れ、倒木や流木被害）のリスクがある
・建築用材としてのニーズが下がり、投資の収益性は低い
・売却に時間がかかりそう
・不法投棄をされるリスクと撤去費用
・鳥獣被害がある

宅地に比べて山林の地価は安い。しかし、土地を所有する以上、毎年固定資産税の支払いがある。また不動産を取得したときには不動産取得税が課される。固定資産税は、山林の規模などにもよるが、数千円から数万円程度が必要だ。

山林を維持管理するには、地域の森林組合に加入して相談するのがいいが、きちんと整備するには人手も費用もかかる。また、キャンプ場の開設を計画している場合は整地のために重機を使うケースも多い。こうした機材の費用負担も考えておくほうがいい。

近年の急速な地球温暖化による異常気象から、局地的な集中豪雨や台風の大型化により、日本では毎年のように土砂崩れや河川の氾濫で大きな被害が発生している。自然災害の発生リスクが山林にはある。例えば、所有する山林が土砂崩れを起こしたら、その責任は山主にあり、賠償問題になるのか不安を持つ人もいるだろう。結論から言えば、自然災害に関しては山主に責任はない。

しかし、どういう場合でも責任がないわけではない。大雨で地盤が緩み、地滑りや土砂崩れが起きたとしよう。山の土砂が道路をふさいでしまった場合は、行政が復旧工事を行い、その処理に関して山主が責任を問われたり復旧工事費用を請求されたりはしない。だが、所有する山林の立木が倒れ、近くの民家を破損させた場合は賠償責任を問われる。詳しくは第3章でも説明するが、自然災害のリスクがあることは、山林を持つことのデメリットのひとつである。

また、山林への投資は、株式や宅地への投資と比べて決して有利なものではない。地価が安い山林は、山そのものが宅地のようには値上がりしにくく、投資回収をしにくい。また、木材ニーズが低く、建築用材として木々を伐って加工出荷しても利益は確保しにくい。

売却を考えたときにも市場が小さく、買い手がすぐには見つからないことも多い。ただし、キャンプ用に使いたいという昨今の需要があり、山林の状態や条件次第では売買をスムーズに行えることもある。

最後にデメリットとして挙げるなら、山林を所有して最も厄介な問題になるのは不法投棄だろう。量の多寡を問わず、山林にはゴミを投棄されるリスクがある。なかでも産業廃棄物などを大量に投棄されれば山が荒れていくことにもなりかねない。不法投棄の被害にあっても、警察も犯人検挙はすぐにはできないし、ゴミを放置するわけにもいかないため、山林所有者が処理の費用を負担しなければならなくなる。

自然環境が整っていると、生物多様性が保全されることになる。そのため、野生動物も山林には生息する。イノシシや鹿の出没、猿やキツネ、タヌキのほか、地域によっては熊もいる。特に人工林の多い檜や杉の山では、鹿による食害がある。鹿は木の葉だけでなく木の皮もかじって食べるため、食害が進むと木が腐って枯れてしまうのだ。せっかく植林しても、こうした被害があれば木々は育たず、山の植生にも少しずつ影響がでるおそれがある。そうした状況にならないように、やはり適正な管理が必要で、そのための出費は山主が負担することになる。

これらが主な山林所有のデメリットとして挙げられるポイントだろう。

## 山林を持つと人が変わる？　幸福度は高くなる？

山林を所有する魅力について書いた節でも触れたが、大きな安堵感がもたらされるようで、精神的な安定が得られたという人がいた。

中には、「いざとなれば、山がある。そういう安心感がある」と答える人がいて、お金に困れば最終的に山を売れば対処できると幻想を抱いている。確かに、かつて「山林持ち」＝「お金持ち」のイメージはあった。それは木材が高値で取引され、山林の価値が高い頃の話である。それでも広大な山林を所有することは、心の落ち着きにつながると言われる。

山林に限らず、セカンドハウスや高級車などを購入した場合に似て、知らず知らずのうちに気持ちが高揚する。例えば、高級車でドライブに出かける時間が欲しいから、仕事の効率化に敏感になり、できる限り前倒しで仕事を進めて余裕をつくる努力をするようになる。仕事に集中力が増したのは時間をつくるためで、その原動力になるものが高級車であり、山林であり、セカンドハウスになるのだろう。自分への褒美的な意味合いもあるが、山林を持つことが気持ちのゆとりになると考えられる。

　そのほか、キャンプ場を開設しようという人は、これからの展開を考えているのかもしれないが、積極的に人と関わろうとする傾向にある。キャンプというキーワードを軸に、広くＳＮＳなどで発信したり、新しい人脈ネットワークの構築を試みたりする。

　そうかと思えば、山林を活用することが励みになったり、仲間と一緒に山の手入れをすることが楽しみになったり、山と関わる生活をはじめると、いままでとは違う価値観に目覚めたり、五感が鋭敏になることで心身のバランスが整えられるという人もいる。

　山林を買うことで、人は心持ちが変わるのは確かだ。表面上は普段と変わらない生活をしながらも、ちょっとした振る舞いや行動、心情の変化に微妙に影響している。また、山を眺めることでも心理的な変化が起きると言われている。心理学の専門家たちも山が人に与える影響を感じている。

　公認心理師の亀澤寛さんによると、「山の稜線が描く空と調和した景色は、穏やかな気持ちを与えてくれますが、その後、内省へ向かいます。山は自分の心と向き合う静謐な空間を与えてくれる存在になります」という。東京から山深い高知県の北川村へ移住し、地域の人たちのカウンセリングをしている亀澤さんだからこそ、山から受ける心理的影響を冷静に分析することができるのだろう。

　自然と向き合うことで行動や心の変化に関することは学術的にも研究されており、自然資本が幸福度を高めることを示す論文もある。環境科学会誌で2017年に発表された『主観的幸福度と自然資本―ミクロデータを用いた分析―』（功刀祐之、有村俊秀、中静透、小黒芳生）によれば、「河川や湖といった開放水域と植林地が人々の幸福度と正の相関があることが分かった。つまり本研究の分析により、自然資本が人々の幸福度を増加させることが示唆された」と結論づけている。もうひとつ、興味深い研究論文がある。「第129回日本森林学会大会」（2018年）で発表されたもので、『森林幸福度に影響する自然要因の検討：滋賀県野洲川流域を対象として』（高橋達也、浅野悟史、内田由紀子、竹村幸裕、福島慎太郎、松下京平、奥田昇）という論文だ。野洲川流域で主観的な幸福度と森林を含む自然との関係性を調べたものである。抄録から引用すると、「森林との具体的関わりを示す変数と正の相関があった。とくに、『生きもの・植物との触れあい』の影響が大きかった。『山での仕事』は、平均的には相当な正の影響があるが、ばらつきが大きく個人差があると考えられる。森林との関わりによる森林幸福度、全般的幸福度への影響は、居住地域によって異なる。森林が遠くにある地域住民にとって、森林との関わりが森林幸福度を増大させる効果はより大きい。一方で、森林に近い住民の全般的幸福度は生き物との触れあいといった具体的関わりによって、より顕著に増大する」と結んでいる。

このふたつの研究論文から推測できることは、山林があることで地域住民の幸福度が上がるとすれば、山林所有者の幸福度も上がると考えられる。

## 山林を購入・相続した人たち

実際に山林を購入した人たちの声を聞いてみよう。個人情報に関わる内容が含まれるため、所有する山林の場所や価格、面積など、詳細を明かせない部分もある。だが、購入動機や山に求める楽しみや醍醐味、手入れや管理で苦労する点など、いわゆるメリット・デメリットは山林所有者たちの生の声から伝わるだろう。また、どういう思いで山林と接しているのか、紹介できる範囲で可能な限り個人の考えも拾うように心がけた。

今回、インタビューに協力してくれた方々は、山を買ったり相続したりした12人だ。山林を購入した目的や利用方法は各人で違う。憩いの場として利用している人もいれば、いま注目されているソロキャンプ用として購入した人もいる。

そうかと思えば、投資対象として各地に山林を買っている人もいるし、自然に親しみたいという素朴な理由で買い求めた人もいる。

SDGs（持続可能な開発目標）が叫ばれるようになり、社会の共通認識として取り組もうとする動きがある昨今では、自然環境保全を意識する人も増えてきた。

自然との共生を模索しながら山林を守ろうと考える人もいれば、地方への移住を決めたり、将来的に二地域居住を考えて山林を購入した人もいる。中には、災害時の避難場所としても活用できるという人もいた。

## 【事例①】山の中に建てた手造りのログハウスで山時間を満喫する（長野）

場所＝長野県　面積＝約200坪　価格＝約400万円　地目＝山林

東京出身の佐藤俊さんは、約35年前に両親が山林を購入したという。いまもゴールデンウィークや夏季休暇、年末年始などに出かけると話す。

「いまから30年以上前になりますが、奥多摩にある山林組合がログハウスのキットを販売をしていたそうです。奥多摩町の間伐材を利用したものだったと聞いています。私の両親がたまたまその話を聞きつけて、自分で建てたいと思ったのでしょうね。でもログハウスを買っても建てる場所がありません。そこで、ログハウスを建てられる山林を探すことになったと聞いています」

ログハウスは日本でも根強い人気がある。一般社団法人日本ログハウス協会によれば、その起源は北欧で発達してきた建築様式だという。日本では、正倉院の校倉造りや中部地方に見られた板蔵

山の景観に溶け込むように立つ築30年以上のログハウス。毎週のように少しずつログを組み立てていた頃の様子が写真で残っている。組み始めのログはまだ新しく色も白い。

造りなどもログハウスの建築様式に通底するものがあると考えられている。赤い三角の屋根と丸太小屋風の外観が特徴の上高地帝国ホテルは、1933（昭和8）年、標高1500メートルのリゾート地に建てられた近代ログハウスの源流とされて、いまも多くの日本人に親しまれている。本格的にログハウスが普及しはじめるのはアウトドアブームの1970年代で、海外からログが輸入されるようになってからだ。それをきっかけに国内でも多様な形式のログハウスが普及していったのである。

佐藤さんのログハウスは森林組合のキットだったが、それでも家族で組み立て、少しずつ仕上げることが楽しみであったという。

「ログハウスキットと言っても、プラモデルのように簡単に完成できたわけではありません。現地に通っては少しずつ組み立て、一部改造しながら、屋根を組んで完成させるまでおよそ10年近くかかったと思います。屋根は父が担当していました。もちろん、その間も拠点として利用してはいましたが、別荘みたいに使うようになるまでにはずいぶん時間がかかりました」

そうやって建てたログハウスは当初の計画よりも完成に時間がかかったが、カスタマイズによって住み心地は格段に進化したと話す。元のキットを改造する形で、屋根やバルコニー部分などを拡張したという。

ログハウスから見える山の景色。佐藤さんは「ここが一番のお気に入り」という。焚火を楽しむ専用のベンチも自分で作った。両親や弟の家族と星空観察を楽しむこともある。

「山の中腹にある南斜面の一画で、見晴らしのよさが購入の決め手だったと両親は言っていましたね。陽当たりもいいので、木漏れ日がやわらかく山に降り注いでいる様子を見たり、その中にいることができるのは、都心ではなかなか味わえない経験ですし、時間の過ごし方も変わってきます。そういう体験は、いま思うと貴重です」と、佐藤さんは話す。

クヌギやコナラ、カラマツが茂る森の中で、街中とはまったく違う時間と澄んだ空気、野鳥の声や葉音のする空間が、子どもの頃の五感を大きく刺激した。薪を使った焚火台で暖を取りながら見上げた星空の美しさに感動したのも山だったという。

「リラックスできる場所というと簡単ですが、山の中で過ごすことで、心身ともにくつろぐ感覚が得られます。野草などにも直接触れてきたので、植物には興味があったほうだと思います。大学を卒業後に造園の仕事に就いていたくらいですし、いまは建築設計の仕事をしていますが、やはり緑地をどう配置するか、グリーンインフラにも関心がありますね」

佐藤さんの事例は、山林ではあるが里山に近い土地にあたる。山林の中で静かにキャンプするように、あたりの静寂を味わうこともできるし、四季折々の山の変化も空気感で伝わる。ログハウスを一部改築してバルコニーを設置した向こうには、山の木々が広がっている。

「ここからの眺めが好きですね。お腹が空いたらピザ窯で手製の焼いて食べたり、またのんびり過

本格的なピザ窯は自分で設計し、家族と一緒にレンガを積み上げて完成させた力作。姪の大好物というお手製のピザを自ら焼いて振る舞う。ログハウスでは薪のストックは重要。

ごす。そんな感じです」

レンガを積み上げて造ったというピザ窯は、かなり本格的だ。薪で焼く香ばしいピザが格別な楽しみだという。町の暮らしと山の暮らしで、心のバランスを取っているようにも映る。社会人となったいまでは、そうしたストレスフリーの山の時間が佐藤さんの大切な時間になっているようである。

【事例②】

## 北海道や鹿児島の山で自然の暮らしを楽しみたい（北海道・鹿児島）

場所＝鹿児島県　面積＝約605坪　価格＝約20万円

場所＝北海道　面積＝約3万坪　価格＝約2000万円／その他

薬剤師でもある笹澤賢一さんは、2019年に鹿児島に2000平方メートル（約605坪）の山林を購入した。

「これまでにもいろいろな山林を購入してきましたが、いまは鹿児島在住で、自宅に近い物件だったので決めました。太い杉の木があったのがよかったですね。特に管理のためにしていることはありませんが、地元の森林組合の方には『何かあれば手伝います』と言ってもらっています」と笹澤さん。

薬剤師という仕事柄、全国のどこでも勤務できる強みがある。転勤で北海道から青森、熊本、東京、沖縄など、全国各地で暮らしてきたと話す。

「4、5年前には、北海道に10ヘクタールほどの山林を購入しました。そのときは、ちょうどネットで物件を見て、意外にも安かったので購入を決めました。現地を見て、山林の中に小川が流れているし、木も多いので、少し伐れば平地も確保できそうでした。将来仕事を辞めたら、ここで家内と魚を養殖したり、羊を飼って過ごすのもいいかと思いましたし、何より広さが気に入りました」

北海道の山林には2、3度訪れただけで、まだ何も手をつけていない状態だと笹澤さんは話す。実は、山林を購入した動機には、外国人が水源地の森を買っているらしいと耳にして快く思っていなかったのも理由だという。

「北海道では、外国人が不動産を買いあさっているという報道もあったので、お金があれば自分が買ったのにと思っていました。広い土地があれば、畑でも魚獲りでも何でもできるんじゃないかという考えもありました」

長野県小諸市出身の笹澤さんは子どもの頃から自然は身近にあり、畑仕事などの手伝いも祖母からよくさせられたと話す。

「子どもの頃は、畑仕事が嫌いでしたね。でも、大人になってからは畑を借りて野菜作りをしたり、熊本にいたときには米や麦作りもしていました。例えば、コシヒカリを水田ではなく畑で作っていました。そう言えば、宮崎にいたときも2000平方メートルくらいの山林を買いましたね。地元の不動産屋に売却物件が出ていたので、反射的に菜園にも使えそうでいいなと思ったんです」

山林でも宅地でも購入したら有効利用を考えそうだが、笹澤さんの場合は転勤で訪れた土地で、手頃感のある土地を購入しているだけのように見える。しかし、どの山林もいずれ使いたいと思い描いているのは確かなようだ。

「一カ所に定住するつもりもないですし、夏は北海道で過ごし、寒くなれば九州で過ごせないかと考えています。決してお金に余裕があるわけではないのですが、いずれそういう暮らしをしてみたいこともあって、あちこちに山林を買っていることもあります。それまで生きていればの話ですけど（笑）」

64歳だという笹澤さんは、子どもの頃に大病で一命を取り留めたこともあって、薬学に関心を持って北里大学へ進んだという。救われた命だからこそ、生きている実感を求めて自分の手で触れる大地や樹木にも目が向いたのかもしれないし、逆に拾った命だからこそ、何でも見て体験してみようと大胆な行動に出るようになったのかもしれない。

「薬剤師は仕事柄、ストレスも大きいんで、野良仕事をしてみようとか、山を買ってのんびり暮らしてみたいとか、そういうことをふと考えます。だから山を買うわけでもないのですが、そういう

北海道の山林をバックに記念撮影。笹澤さんは静寂の中で広大な山林に向き合い、すぐに購入を決めたという。森の向こうには川もあり平坦地もある。

景色の向こうに別の暮らしを夢見るんですよ。だから、山林を買う動機は、これと言って説明できません」

しばらく話すうちに、笹澤さんは学生の頃に東南アジアを放浪して1年ほど住んでいたり、20代の頃は屋久島で見つけた土地を購入したこともあったと語り出した。

「屋久島がまだ世界遺産に登録されるずっと前の話です。よそ者が山林を買うことが珍しい時代でもあったのでしょうね。自然保護団体の人ですか、なんて聞かれたこともありました。そんなつもりもなく、景色がきれいなところだったのと、70万円くらいでしたから、何とか私にも買えました」

このような話をするところをみると、笹澤さんは一種の山林コレクターなのかもしれない。山林を複数持っていることが楽しく、また増えることが楽しみになっているようだ。

「広い山林を買って、心は大らかになった気がします」というように、山林を購入することがストレスの発散となり、心の平穏を保っているのであれば、それは山林の効用であり、笹澤さんにとってはなくてはならない存在なのだろう。

そうした心の有りようからも山林を購入する魅力は、大きな癒やしの風を心に吹き込んでくれることにあると言えそうだ。

【事例③】
## 理想のキャンプ場づくりを目指して（栃木・千葉ほか）

場所＝茨城県　面積＝約3600坪　価格＝450万円

千葉県で工務店を経営している籾井靖洋さんが山林を購入しようと思ったきっかけは、子どもを連れて出かけたキャンプ場で、その設備やアクティビティがあまり充実していないことだった。キャンプ場の運営に疑問を感じたのだ。

「もっと楽しめるいいキャンプ場がつくれるのではないか。自分で運営をしてみたいとずっと思っていました」と、素直に話す籾井さん。会社勤めをやめて工務店を構えるようになり、ようやく長年の夢を実現できる時間や経済的なゆとりも出てきた。そこで4、5年前からキャンプ場のための山林を探し始めたという。

「一般の人が出かけるキャンプ場とは違って、小学生以下のファミリーに限定した体験型のキャンプ場を運営したいと考えています。例えば、キャンプ場にユンボがあって、実際に触れられれば子どもは面白がるだろうし、丸太があれば、ノコギリを使って切る体験をするのもゲーム感覚で楽しめます。釘を丸太に打ち込んだり、ネジで簡単な工作物を作ったりするのでもいいんです。そうしたちょっとした遊びを指導できる大人が2、3人いればいいので、キャンプ場の運営は難しくはありません。そうすれば子どもは自然の中で自由に遊べますし、お母さんたちだって最初は見守っていても、私もやっていいかしらなんてきっと言い出すようになります。そんな親子で遊べるアクティブな体験型キャンプ場をつくってみたいと思っています」

籾井さんは仕事柄、建物や工作物を作るのは得意だ。山林さえあればキャンプ場の整備も設備も用意できると考えたのだろう。

栃木県に3600坪ほどの山林を購入し、これから4、5年かけてキャンプ場をつくり上げるつもりだと話す。

「これまでにもいくつか山は買っていました。千葉県では海が見渡せる700坪ほどの山林を約50万円で購入しましたが、利用できるような部分は200坪ほどしかありませんでした。キャンプ場にするには自由に使える広さが足りませんので、プライベートキャンプで使うつもりです。もうひとつはやはり千葉県内で3700坪ほどでしたが、昨年の台風で林道が埋まって、いま復旧中です。通行止めになるリスクがあるとわかったので、キャンプ場として活用するにはどうでしょうかね。利用できる部分は600坪ほどあるので、モトクロスなどの練習場などに使ってみようかと思案中です。山林の面積が広くても、利用できる平坦に近い場所などは異なりますので、広さイコールそのまま利用できるとは考えないことですね。いまもまだ条件に合いそうな山林を探している最

山林の管理も自らやるという籾井さん。草刈りは定期的にしないとすぐに生い茂る。樹齢の古い木には苔やツタが伸びて、趣のある空間を創出している。

中ですが、なかなかニーズに合う物件が出てきません。いずれも帯に短したすきに長し、というように、広さはあっても価格が高かったり、逆に安ければキャンプ場としては狭いものが多いですね」

山林は、主にインターネットで探しているという籾井さんだが、これから同じように山林を購入してキャンプ場づくりを目指す人たちにアドバイスしたいことがあるという。

「私営のキャンプ場を開こうと考えているなら、3000坪以上の山林を探すこと。これが最低ラインでしょう。できるなら、1万坪以上あるのが理想です。山林全部が平坦な場所ではないので、キャンプ場として使える広さがどのくらいあるのかを確認すべきでしょう。あとは水場があるか。これも大切です。川が流れている山林は、キャンプ場に向いています」と籾井さん。

さらに重要なのが安全にアクセスできるのかどうか。キャンプ場をつくっても道がなかったり、山道があっても狭くて自動車の往来ができないような場所は、アクセスしにくくなり、不便で集客がしにくい。

籾井さんのように、キャンプ場を自分で経営してみたいと考える人たちには、次の3つを提案したいと、山林バンクの辰己さんも明言する。

**【キャンプ場のための山林を見つける3条件】**

・山林の入り口まで自動車でアクセスできる（道がある）こと。
・湧き水または小川があり、飲料水が確保できること。
・テントを張ったり、焚き火ができたりする平坦地を広く確保できること。

**【事例④】**

## 東京ドーム9個分の山林で、キャンプ場オープン！（兵庫）

場所＝兵庫県　面積＝13万坪　価格＝８００万円

大阪在住の上山恭平さんと知沙子さん夫妻は、２０１８年に兵庫県に13万坪の山林を購入した。その広さは、およそ東京ドームに換算して9個分にも及ぶ。

「キャンプ歴は3年ほどなんですが、キャンプにハマったこともあって、自分たちのキャンプ場をつくりたいと思って山を探していました」と、明るく話す知沙子さん。

夫婦ともに特にキャンプ場で働いた経験があるとか、林業関係の仕事をしていたわけではないという。夫の恭平さんは普通の会社員のため、週末の休みを利用して山林探しが始まった。

「最初はインターネットで、山の専門不動産屋である山林バンクにメールを送っていたのですが、なかなか返事が来なかったので、ほかをあたることにしました。岡山県に、『自然と暮らす』というサイト名で、田舎暮らしを応援する不動産会社を見つけて相談しました。そこで紹介された物件をいくつも見て、ここなら自分たちのキャンプ場ができそうだと思う場所に出会いました。その山林は、約1万1000坪で250万円ほど。最寄りのインターチェンジから30分程度ですし、キャンプ場として使いやすい平坦地がかなり多く、周りにブドウ畑が広がっていて、景色も申し分ない。陽当たりもよいし、聞けば近くに天文台があるほど星空もきれいに見えるとなれば、すべての条件が揃っている気がしました。しかもすぐ近くには、大阪から移住して来た年配の夫婦もいるという話で、暮らしやすさとかを聞くこともできて、もうここしかないと直感したこともあり、ほぼ買うことを決めていました。でも、その後どうしたと思いますか？」

知沙子さんはこれまでにもテレビや新聞の取材を受けているようで、語り口も滑らかだ。聞けば、YouTubeで『上山さん【兵庫でキャンプ場作り】』という動画配信もしていて、キャンプ場開設までのブログでも発信中だという。20代という若さもあるのだろうが、自分たちの夢に向かうプロセスまで楽しもうという、動画やブログを通じたそのひたむきな姿から上山夫妻の清々しい人柄が伝わってくる。

「地元の様子を聞いていたときに、ここらの畑を長年管理している方がいますので、とりあえずご挨拶しておくといいですよと親切なアドバイスまでもらいました。キャンプ場を開くとなれば、近隣とも親しくしておきたいですし、オープンしたあかつきには畑のブドウをタイアップして販売してもいいかなとか考えていました。電話番号を教えてもらっていたので夫がかけてみると、実に無愛想な対応でした。こちらの話を聞いてもくれず、『誰や、誰に聞いて電話かけたんや』と凄まれて、ブチッと切られる始末。その後、何回かかけてみても切られてしまいました。詳しいことは私のブログにも書いていますが、岡山県のキャンプ場は諦める結果になりました」

知沙子さんの話は、さらに続く。その後、山林バンクと連絡が取れたことで兵庫県の日本海側に近い美方郡香美町で13万坪の山林を紹介され、８００万円で購入。ここで「おじろじろキャンプ場」の開設を現在準備中だ（２０２１年の夏のオープンを目指している）。

「広さは東京ドーム9個分、大阪ＵＳＪとほぼ同じ面積ですね。決め手は、平坦地が3万坪あったことです。そのほかは保安林が7割ほどです。キャンプ場を整備するための作業道がついていて、車の出入りが容易だったのもよかったですね。きれいな湧き水の出る場所が2カ所あるので、水場を確保できることもわかりました。また、民家が離れているので、キャンプ場が騒がしくても迷惑をかけないのも安心でした。そして、何より景色が美しいところが決め手でした」

ただし、当初の予算をオーバーしていたため、不足分は両親に援助をお願いすることにしたという。ちなみに山林購入には住宅ローンは使えないため、資金計画は重要だ。フリーローンなどは、返済期限が短かったり金利が高かったりするし、審査をパスできずに融資が下りないケースも考えられる。

上山夫妻の場合、ご両親から購入代金の一部借り入れることもできたので、現地見学から売買契約までスピーディに進められた点も恵まれていた。

実際に購入した山林は兵庫県美方郡香美町小代区に位置する。キャンプ場のオープンまでにはまだまだやることが山積みだ。

「日本中にあるキャンプ場のいいとこ取りをした最高のキャンプ場を目指しているので、あれもあれば、これもあればと思うと用意したくなります。露天風呂もつくりたいし、きれいで清潔なトイレも欲しいですから」

キャンプ場のアイデアは次から次へと湧き上がってくるという上山夫妻。そのアイデアをひとつひとつ実現するために、恭平さんは林業講習を受けて電動ノコで工作することにも慣れた。さらに知沙子さんは、第二種電気工事士の資格を取得し、管理棟の配線などを自ら施工するまでになっている。夏のオープンに向けて、えんえんと作業は続く。どんなに疲れていても、キャンプ場を開くという目標と山に癒やされているからヤル気は尽きないのだろう。

2021年1月1日の神戸新聞に「20代夫婦　山、買いました」という見出しで、二人の話が大

上山夫妻の所有する山林はダイナミックなスケールで、豊かな森に囲まれている。2021 年夏にオープン予定のキャンプ場づくりは着々と進んでいる。テントを張って夫婦でティータイムに興じることもある。

きく取り上げられた。その中で恭平さんは「都会だと毎日、息苦しいマスクをつけて、人との距離を気にして生活しているだけで疲れてしまう。山に来ると、そういうもの全部、吹き飛んでいく気がするんです」と語っている。

山林を購入し、やり甲斐を手に入れた上山夫妻だが、金銭面でも思わぬ収入があったと知沙子さんがうれしそうに話してくれた。

「森林組合に保安林の間伐をしてもらったら、200万円ほど利益が出たので入金がありました」

間伐材を売却して、手数料を差し引かれた売り上げが山主のところに入ったのである。広大な山林を所有すると、こうした間伐による臨時収入があるのも楽しみになる。

最後に、キャンプ場づくりのために山林を買いたい人へ向けてポイントを挙げてみよう（恭平さんが書いているブログ「Teddy boy blog」（https://teddyboy8.com）でもアドバイスしている。

**〈山林を買うときのチェックポイント〉**

・「都市計画区域」外かどうか

・電気・水道はひけるか

冬は雪が意外に積もるので、スノーシューで雪山ハイキングが楽しめる。幻想的で雪景色が美しい山をバックに歩くのは格別。キャンプ場の景色も一変する。

・ハザードマップ避難区域外か
・車での進入は可能か（アクセスしやすいか）
・携帯電話の電波は入るか
・平坦地は多いか
・飛び地になっていないか
・地籍調査は行われているか

自分の利用目的にかなうかどうか、これは山林を購入する前に確認すべき事項だろう。

山林の環境がいくら素晴らしくてもキャンプ場に活用したい人にとっては、水道や電気の供給をどうするかは重要な問題だろう。

電話回線、携帯電話の通信エリアに含まれるのか。現代人に必須のインフラが整わなければ、キャンプ場としての満足度は下がる。

また、どの程度の建築物や設備をしつらえるか、それらについて制限や許可が必要なのかを確認しておく必要もある。

山林の場合、ひとかたまりになっていない場合もあり、飛び地になっていると広さがあっても利用しにくい。

さらに、隣接する山林との境界線が不明確な物件の場合、境界線を巡ってトラブルになるので、地籍調査が実施済みであることを確認しておくことが望ましい。

## 【事例⑤】京都市内の山林を守りたい

場所＝京都府　面積＝1万坪　価格＝300万円

京都の山林は、格が違う。そんなイメージを勝手に持ってしまうのは、古都の町並みとの距離が近いからだろうか。藤澤恒雄さんは、自然に親しむことが昔から好きだったという。

「両親の介護もあっていまは滋賀県大津市に住んでいますが、購入した山は京都の鞍馬です。数年前から大津市の非営利団体が所有する山の整備をする仕事を手伝っていて、山っていいなとしみじみ思っていました。手伝いを始めた頃から山に入るのが楽しみで、いつか自分の山林を持てるといいなと考えていたくらいです。そんなときに、ちょうど京都の鞍馬に物件があると知りました。最初に購入したのは2015年です」

標高569メートルの鞍馬山は京都市左京区鞍馬にある。東の鞍馬川、西の貴船川に挟まれた分水界をなすこともあり、いまではパワースポットとしても親しまれている。『更級日記』でも触れられるほど、昔から桜や紅葉の名所でもあり、シーズンになると国内外から多くの観光客が訪れる山である。元々は霊山として知られ、密教による山岳修験の場であった。その山の南中腹に鞍馬寺が創建され、ここで源義経が牛若丸と名乗っていた若かりしときに鞍馬天狗から剣術を学んで修行した伝説も残っている。藤澤さんにすれば、由緒ある鞍馬寺を擁する山林の一部を所有できることに興奮を覚えたのだ。

「山仕事の手伝いで自然保護というか、山林を守ることは大切だと実感していました。鞍馬山という特別な場所も大いに気に入りました。鞍馬温泉も近いし、場所としても申し分ありません。歴史のある山ですから、森林組合にも加入しています。維持管理をする上で森林組合に入会しなければ、山林を初めて購入した者には、すべきことがわかりませんから」

藤澤さん自身、東京で40年近く暮らし、密度の高い都市生活に疲弊する部分があったという。山の会に参加して、山に親しむと森のよさがわかって心が落ち着いた。むしろ山仕事が楽しみになっていたことに気づいた。そんなときに山林バンクのサイトで京都の山を見つけて、すぐに連絡したのである。

「京都の鞍馬山なんて、めったに売りに出ない貴重な山です。それが本当に３００万円ほどで購入できるのか不安でした。実際に現地を見ると樹木も多かったし、これは資産にもなると思いました。

林業をやるわけではありませんが、せっかく購入するなら資産価値は維持したいですから。森林を健全に守るためには、莫大な投資はしなくても私のように個人で少しずつ買って保全する方法もあると思います」

鞍馬山では主に杉や檜が森を形成しており、地域資源としても貴重な存在である。自分の山林であっても京都の景観の一部をなす山林は公共性を持っていることを意識しているのだろう。藤澤さんにとって鞍馬山は、大事な公共山林であり、それを一時的に私財として預かっているという思いがある。だからこそ、ふたつ目の山林も鞍馬山に求めたのだ。

「ふたつ目の山は、4000から5000平方メートル（1500坪）ほどで、価格は200万円か300万円ほど。最初の山に比べると、広くはありません。実は、こちらの山は現地を見ないで購入を決めました。同じ鞍馬の山ですし、山の様子はだいたいわかります。ただし、後で現地の写真をグーグルマップで見たら、樹木が見当たらない場所でした。植林して育つまでには何十年もかかりますが、それもまた山の楽しみです」と藤澤さんは話す。

山林で過ごす時間や整備する作業のひとつひとつが心地いいのだと、山の魅力を語る藤澤さんの口調が少し熱を帯びる。

「森に入って、木を伐り、ひと休みする時間。静まり返った山の中の空気感というか、そういう中に身を置いているときがいいですね。自然の音以外、何もしませんから、畏れを感じるほどです。

そういう感覚は好きですね。人との付き合いの煩わしさも忘れられますから（笑）」

山の魅力を懸命に説明しようとしてくれる藤澤さんだが、京都の由緒ある山林を所有していることによる安堵感もあると話してくれた。自然を守りたい気持ちがあり、同時に財産にもなると思っているというわけだ。

「杉を植林して成長させるまでには、50年から60年近くかかります。時間はかかりますが、わが家の木だと眺めることができれば、それも楽しみになります。あと何十年かかるかわかりませんが、よし、育てるぞと意気込みも出ます」

山林を所有する楽しみがある一方、不安も少しあるという。昨年の夏の大雨で山沿いの道路が崩れ、市の土木事務所経由で森林組合から連絡を受けたときのことだ。

「隣の山で伐採した残りの木が、たまたま流されて道路にを堰き止めているという知らせでした。私の山林の木が流されたとすれば責任問題になりかねないので、ちょっとドキッとしましたね。土木事務所の人たちが調査や処理をするために私の山に入る許可を欲しいということでした。結局は、自然災害であり通行する車や人にも被害はなく、すべて市のほうで対処したみたいです」

大雨や台風による土砂崩れや倒木があると、山主は不安になる。自分の山林は大丈夫だろうかという思いと、被害が出ないようにと祈る気持ちが強くなる。

「もうひとつ怖いなと思ったことがありました。自分の山の立木が台風で倒れ、近くのアパートの屋根を擦ってしまって、そのアパートの管理会社から修繕費を出してほしいと連絡が入りました。自然災害ですから、そちらの保険で対処してくださいとお願いしましたが、責任は山主にあると言われて数十万円を支払いました。弁護士にも相談したのですが、倒れた木は私の山に植わっていたわけですし、山主の責任になるという判断でしたね。民家が近い山は怖いなと思いました。それで、民家が近くにある山林を購入するときには、どんな自然災害が起きるかわからないので、周辺を調査することが必要だと改めて考えさせられました」

自然災害でも状況によっては山主が責任を問われることになるのである。藤澤さんの言葉は、山主ならではの実感がこもっている。トラブルを回避するために、できるだけ近隣の山主と顔見知りになっておくべきだし、地元の森林組合に加入する必要もあると藤澤さんはアドバイスする。

「山は代々受け継いで育て上げるものだと思っているので、買った山だから何をしてもいいと思い違いをされると残念ですね。周りにはほかの山主さんもいれば、山で仕事をしている人たちもいますので、たとえ自分の山でも焚き火の始末に留意し、騒ぎ過ぎないでほしいですね」

【事例⑥】

## 自分だけの秘密の場所を確保できる（北海道）

場所＝北海道　面積＝６０００坪　価格＝――万円

キャンプ好きの山口正幸さんは、年齢も近いお笑い芸人のヒロシさんがプライベートキャンプのために山林を購入したことに刺激を受け、山が欲しいと思った一人だ。

「山探しには、インターネットを使いました。山林バンクが全国の山を扱っていて、価格も割安だったので、こちらの希望を伝えて連絡を取っていました。２０１９年の12月ですよ、購入したのは。北海道ってことが決め手のひとつですね。空港から車で15分ほどのところにあり、丘陵地になっていて近くには畑もあり、山というより丘って印象です。広さは６０００坪ほどで、価格はサラリーマンのポケットマネーで買える程度ですよ」と山口さんは、照れくさそうに答える。山の魅力や楽しみを語るほどのものではありませんと謙遜しながら、山林を購入した経緯を話してくれた。

「関東近郊の山林も探しましたが、実際に見に行ったらダメだという物件もありました。例えば、道を歩いて行くと、切り立って壁のようになっている山とかありますよね。そういう山は簡単には入っていけません。写真だけではわからないこともあるので、どうアプローチできるのかを確認するのは重要だと思います。もしイメージと現地が違っていたら、購入は控えるべきでしょうね」

千葉や群馬、長野、山梨のオートキャンプ場を巡っては、アウトドアを楽しんでいた山口さん。キャンプの醍醐味を訊ねると、「自分の陣地というか、テントを張るときに、まるで秘密基地をつくるような感じってありますよね。そういう何気ないワクワク感を味わえるところですかね。ちょっと子どもじみていますけどね、誰もが持っている感覚じゃないですか」

北海道の山林に関しては、希望条件に合致することもあり、現地を一度も見ずに購入したという。平坦地がある程度確保され、沢も流れていて、山林の入り口まで車の乗り入れができる。キャンプをする場合にもすぐテントが張れる。山口さんの代理で現地調査をした山林バンクの辰己さんから、多くの写真と詳細な資料を受け取っていたことも購入を決断した理由だった。

「関東で山を探していたときと違って、北海道の物件には道もあり、切り立ったところもなく、特に問題はなさそうでした。それと、もう少し地球温暖化が進めば、北海道はいまよりも住みやすくなるんじゃないかと考えて、住み処として確保しておくのが得策かもしれないと思うところもありましたね。そういう意味で、北海道だったから選んだと言えます」

山口さんには独特のビジョンがあり、温暖化が進んで北海道の雪が少なくなれば、冬の厳しさはいまよりも緩んで過ごしやすくなると睨んでいる。そうなれば、ゆくゆくはそこに家を建てて、セカンドハウスにしようと考えている。いわゆる二地域居住である。

「まだ具体的に何かを準備しているわけではないのですが、資産にもなると思って買っておきました。だから好条件の物件があれば、あと2つか3つ買ってもいいかと考えています」

山口さんにとって山林は、子どもも心をくすぐる空き地感覚の延長にあるのだろう。物件によっては、乗用車よりも安く手に入る山林だからこそ、つい買ってみたくなるのかもしれない。

「北海道の山は、新型コロナウイルスの感染が広がって以来、訪ねられていないままなので、管理もできていません。必要があれば、森林組合に加入しようと考えています。すべてこれからです」

今後、北海道の山林をどう活用していくのか、広い土地の利用方法をじっくり考えていくことも山主ならではの楽しみのようだ。

【事例⑦】

## 移住体験を経て、古民家付き山林購入へ（山形）

場所＝山形県　面積＝2万4000坪　価格＝100万円

建築家で大学の特任研究員でもある伊東優さんは、いずれ地方への移住を視野に入れていたという。

「山形県には縁もゆかりもありません。もともと長崎の出身ですし、都心は暮らしにくいと思っていました。以前からマタギの文化に関心があり、そういう文化のある地域で暮らしてみたいと考え、行政などが主催している移住支援プログラムに体験応募したことがありました。そのとき住まいとして借りたのが趣のある古民家でした。築１３０年以上の物件です。その村での暮らしは、非常に充実していましたね」

建築家として古民家に関心を寄せるよりも、マタギ文化と言うあたりが研究者らしいと思える。しかし、よく聞けば研究テーマでもなく、個人的な興味だという。

「自分でマタギをやるつもりもなければ、林業をやるつもりもありません」と伊東さん。では、どうして山林を購入することになったのだろうか。その経緯を聞いた。

「本気で山形に移住するつもりで考えていたら、借りていた古民家のオーナーから買わないかという話になったので、値段次第だと思いました。すると、古民家に土地もついてくると説明され、８万平方メートル（２万４２００坪）ほどあると。裏山には村の共有林が広がっていて、それが66万平方メートル（約20万坪）もあるということでした。私有林はあってもいいんですが、共有林の権利はいらないと断りました。所有権を持っていなくても、村の共有林なので、いつでも山に入れます。所有する必要性を感じませんでした」

伊東さんの移住の意志が固いとわかり、古民家のオーナーは土地を安く提供しようと考えたのだろう。しかし、不要なものは素直にいらないと合理的に考えるのが伊東さんでもある。

「田んぼも畑も、まるごとついてくる感じでしたので、一括ではなく分けてもらうことにしました。本格的に農業をするつもりもありませんから農地も不要でした」

山林と違って、田畑は農地にあたるため、県知事の許可や農業委員会の承認が必要で簡単には売買できないことになっている。伊東さんは自家用の野菜を作る程度の仕事はするが、農地までは望んでいないのだ。農地と共有林の権利は放棄して、古民家と私有林を含む土地を100万円で交渉したという。

「山林の管理は、面倒くさいことはないんですよ。固定資産税だって数千円程度なので、持っていることで負担が大きくなるわけではないんです」と伊東さん。

周辺にはブナやナラの原生林も残っていて、国有林もあるので自然が豊かな地域である。農業と狩りができる山林地域だったこともあり、伝統的な狩猟方法が伝わり独自の生活文化が育ち、地域に根付いたマタギ文化が息づいている。

「言葉で説明するのは難しいのですが、ここに来て住んでみて、ああ、やはりいいなと思ったということです」

伊東さんのように過疎な地域の里山に移住をすることがきっかけで、家屋や土地を提供されるケースはたまにある。遺産相続で受け継いだ山林の利用もせずに、固定資産税だけ払い続けている山主もいる。そういう山主からすれば、ただ同然でもいいから売却したいと願う気持ちは強い。ただし、売り手と買い手のマッチング率は、中古住宅市場と比べると圧倒的に低く、伊東さんの場合は非常にレアなケースである。

## 【事例⑧】週末キャンプと災害避難のために（茨城）

場所＝北関東　面積＝650坪　価格＝50万円

ブッシュクラフト（自然の素材や環境を生かして楽しむキャンプスタイル）が好きで、西湖や本栖湖のキャンプ場などにもよく出かけていたという森下裕隆さんは、2019年のゴールデンウィークに出かけたキャンプ場の混雑ぶりを目の当たりにして、自分の山を持ちたいと思ったという。

「予約して出かけて行ったキャンプ場で、ルール違反をする人やエチケットのない人を見かけるとがっかりですし、焚き火にしても直火は禁止で、薪は購入したものに限定するとか制約が多く、キャンプが心から楽しめないことがありました。そんなときにブッシュクラフターとして有名な人と知り合って、その人の山に出かけたときに改めて自分の山を持ちたいと強く思って物件を探し始めました」

アウトドア好きの5人の仲間が山林探しの手伝いを申し出てくれたことも背中を押したと森下さんは言う。実際に山林を買えば、草刈りや整地、枝打ちなど、しなければならない作業は多い。そうした作業を手分けしてくれる仲間の存在は心強く、山林を探す際に購入条件を相談できたこともよかったと語ってくれた。

「まず、山を購入するリスクを書き出しました。例えば、川がある山林は水場が確保できていい半面、土砂災害で川が氾濫した場合は山主に責任が問われる可能性がある。氾濫を防ごうと川の整備をすればお金がかかるので、メリットとデメリットを比べてデメリットが大きいと判断し、川のない山林を探すことにしました。次は、フラットな面があるかどうか。傾斜地ならユンボで整地して山留めを打つなど工事費がかかるので、平坦な部分があることを条件にするとか、荒廃した山は樹木の間伐や処理が面倒になるとか、災害を引き起こす原因になりかねないとか、飲める条件と飲めない条件のリストを並べて、買うべき山林を絞り込んでいきました」と森下さん。

北関東の中でも茨城や飯能エリアを中心に山林を探し始めて約3カ月、ようやく山林バンクで条件に見合う物件を見つけて現地を訪ねた。

「広さは650坪、50万円でした。広すぎないのがよかったですね。多くの山林は何ヘクタールという規模で売られています。そういう広い山林は、5人の仲間でも管理できません。管理のために

避難場所にも使えるという平坦なスペースから見上げると、木々の向こうに青空が切り取られたように見える。

は、規模は400平方メートル以下に抑えようと話し合っていました。都内の北部から1時間ほどでアクセスできる近さも気に入りました。仲間のみんなは、埼玉もしくは東京23区の北部に住んでいますから、山林まで近いですし、もしも大災害が起きた場合は避難先としても役立ちます。避難所はたいてい混雑しますし、そういう狭い場所ではストレスを抱え込むので、自分の山を持っていることで安心感は増します」

いざというときに備えて利用できるのも山林所有のメリットのひとつだろう。ただし現在は水の確保ができないため、井戸を掘る計画を立てており、着々と計画は進行中でもある。

「山を所有していることは、一人になりたいときや焚き火をしたいと思ったときに、とてもありがたいし便利です。例えば、土曜の夜からふらりと出かけてヘッドランプを頼りに登って、焚き火をしながらハンモックで眠るのも気軽にできますね。自分の山であれば、キャンプ場のような予約も不要ですから」

どうやら森下さんにとって、山林がサードプレイスになっているのだろう。先述のとおりサードプレイスは、アメリカの社会学者レイ・オルデンバーグが著書『ザ・グレート・グッド・プレイス』の中で使った言葉だが、自宅や職場（学校）とは違う第三の居場所が現代社会人に必要だと説いている。特に、都市生活者には重要な精神的なオアシスになり、心の元気回復につながると説かれている。

森下さんが幸運だったのは、必要最小限の道具でキャンプをするブッシュクラフトに、うってつけの山林を見つけられたからだ。誰もが購入前からいろいろな条件を挙げて選び抜くにもかかわらず、100パーセント満足できるわけではない。それほど山林選びには難しい一面があると森下さんは話す。

「新型コロナウイルスの感染が広がってから、急に山林を購入しようとする人が増えていると聞き

森下さんが購入した山林は高速道路のインターチェンジから近いが、山林には趣ある景色が広がっている。木漏れ日は幻想的な印象で、心が癒やされる。

ますが、感染が収まってくると元の生活に戻るため、購入した山が不要になり、買ったことを後悔するかもしれません。そうならないように、例えば貸してもらうことは可能か地主に交渉してみるのもいいでしょう。また、購入前にお試しで貸してもらう方法も提案してみることです」

コロナ禍で密を避けるために山林を買うのはナンセンスだ。また、キャンプブームで購入して、しばらく利用したら放置するのも山林の荒廃をまねく。人が出入りしていると鳥獣たちは警戒して近寄らないが、ひとけがないと繁殖地となったりして、周辺の山林や近くの田畑へ影響を与える可能性も出てくる。

「夏場は毎週のように草刈りをして、整地のために踏みならしました。イノシシは出なかったので、安心してタープを張って焚き火もしています。井戸を掘ったら、次はちょっとした小屋を建てようと計画しています」

希望の山林を慎重に選んだだけあって、森下さんのアウトドアライフは、ますます充実しているようだ。

## 【事例⑨】
## 淡路島でのガーデニングとキャンプ場を夢見て（兵庫）

場所＝兵庫県淡路島　面積＝３０００坪　価格＝４００万円

大阪在住の三久保洋さんはアラフォーで、仕事でも中心的な役割を担う年代だ。そんな三久保さんには、将来キャンプ場を開設する夢がある。しかも奥さんはガーデニングプランナーの経験を活かして、植生豊かなキャンプ場をプロデュースするプランも持っている。

「山を購入したのは２０２０年４月でしたが、それまで随分といろいろな山林を見て回りました。ちょうど新型コロナウイルス感染症が広がって、大都市から地方へ逃げるようにして山を買う人がいるようで、テレビの取材の申し込みがあった頃です。そんな理由で山を買う人がいるのかは知りませんが、私の場合は以前から探していましたので、新型コロナウイルス禍とはまったく無関係ですね」と三久保さんは前置きをする。

三久保さんの購入した山林は、淡路島にある。しかも地目は複数にわたっており、かなり荒廃した状態だったという。

「もともと畑として利用されていたところもあったようですが、30年から40年ほどほったらかしになっていた土地です。この山にどんな魅力があったのかと訊かれると、特に景観がよいわけでもなく、渓流があるわけでもありませんので、返答が難しいですね。あえて答えるとすれば、荒廃している山だからこそ、自分たちの手できれいに再生していく楽しみが残されていることでしょうか」

三久保さんの思い描くキャンプ場は、具体的に1年後とか5年後にオープンさせようとは考えてはおらず、もう少し先の将来を見据えている。

「あまり興味を持ってもらえそうにない場所でしたが、購入の決め手になったのは、水道や電気のライフラインがあることと、公道に接していることです。キャンプ場をオープンしても歩いて行くしかないような場所では、人が来てくれませんからね」

これまでキャンプ場を開きたい人たちの話を聞くと、共通のポイントがあった。その中でも、アクセスのよさは最も重要になる。車で乗り入れができなければ、整地のための重機や建築資材搬入のトラックが使えないため、整備や管理棟の建設などに莫大な時間と費用がかかる。

「淡路島を選んだのは、奥さんのお婆ちゃんの家があって、また彼女が淡路島を大好きなことも理由でした。そういう地縁がある場所を選べたことで、また頑張ろうって気持ちにもなりますね。大阪や神戸、京都に近い山林も探しましたが、都市部に近いと価格も高くなりますし、宅地のように物件が多いわけではないので、何年も探しても希望の山林が見つからないことも多いのです。タイミングというか、これも淡路島に縁があったのだと思います。いまは週に1回か2回、現地を訪ねて開拓している状態です。苦労しているのは、平坦なエリア一面に笹が生えていて、これを一掃できないことですね。一度、重機を入れて、かなり取り除きましたが、手作業でしかできないエリアもありますので、時間がかかっています」と三久保さんは、長期戦を覚悟している様子だ。

実は、ガーデンプランナーの奥さんのアドバイスで、笹もすべては取り除かずに活かす方法を考えているため、重機で一気に掘り返すことをやめたという。ガーデニングと聞くと単純に庭造りを想像してしまうが、イギリスやフランスのような西洋の園芸様式をはじめとする芸術要素の強い整形式庭園もあれば、多様な植生バランスを考え、建物との調和を目指した都市空間と自然を一体化する「ランドスケープデザイン」などまであり、その設計思想によって空間の景色は大きく変容する。ランドスケープデザインは、都市における広場や公園などの公共空間のデザインを意識した考えになるが、キャンプ場に部分的に取り入れても新しい景観が創造できそうだ。

「山林の整備すらできていない自分がアドバイスするのも何ですが、利用目的がはたせるかどうか、購入する前に条件を確認することが大切ですね。例えばキャンプ場を開くにしても、草刈りをしたらすぐにオープンできるわけではありません。草刈りひとつにめちゃくちゃ手間と時間がかかります。１カ月も放置すると草が伸びて元に戻りますから、普段の手入れをこまめにすることと、継続してやり続けられる気持ちがあるかが問われます」

三久保さんが見据える未来のキャンプ場がどうなっていくのか、まだ始まったばかりである。

【事例⑩】

## 檜の山のコレクションは蓄財と投資が目的（埼玉・群馬・和歌山ほか）

場所＝静岡県・和歌山県ほか50山　価格＝——万円

もともと農家で山も所有していたという高橋喜代次さんは、60年ほど昔の高校生の頃から山に関心があったと話してくれた。

「山が財産になるほど昔は値段が高かったけど、いまじゃ木も安くなって、山の価値が下がってしまった。昔は裸の山を買って、自分で植林したこともありました。木が高く売れると思っていましたからね。また、いずれ木の需要も増えて山の価値も上がると見込んでいるので、いい山林があれば買いたくなります。持っている山の中で一番広いのは、静岡県で100ヘクタールほどの広さ。これほど広いとなかなか壮観です。そのほかに、和歌山に8ヘクタールの檜の山をふたつほど買いました。ひとつ330万円くらいだったか。どちらも見事な檜の山で、まだ木を伐り出していませんが、投資としては大変満足しています」

現在は悠々自適に暮らしながら、いい山林探しをしていると高橋さんは言う。管理に関しても地元の森林組合などに任せている。

「北海道にも山を持っていたけど、売ってくれって言われて譲ったり、宮城の山を買ったり、秩父にもふたつほど持っています。見晴らしのいい山で、秩父市外が一望できるし、竹林ではタケノコ掘りもできるので、孫を連れていくととても喜ぶよね。山に小川があれば沢遊びもできて走り回ります。秩父は本多静六さんゆかりの地でもあるし、一番影響を受けた人ですから思い入れがあります」

高橋さんがいう本多静六さんは、第2章の最初のほうでも紹介し、ご存じの人も多いだろう。日比谷公園をはじめ、日本の大規模公園の開設に携わったほか、林学者や造園家の一面を持ちながら投資家として巨万の富を得た人物である。江戸時代末期の1866年生まれの本多さんは、明治維新を経て苦労しながらも東京山林学校（現・東京大学農学部）に入学し、ドイツ留学を経て東大教授に就き、明治神宮や北海道の大沼公園、福岡の大濠公園など数々の公園の設計・開設に尽力。また、大学を定年退官後は「人並み外れた大財産や名誉の地位は幸福そのものではない。身のため子孫のため有害無益である」とし、私財を寄付し、所有していた秩父の山林は育英資金に寄贈した。その本多静六さんの教えを少しでも実践したいと思い、高橋さんは山林への投資を続けているのだ。

「いま探しているのは、電力会社の鉄塔施設がある山です。そういう施設があれば、土地を貸しているのと同じでわずかですがお金が入ってきます。木は育つまで時間がかかりますが、そういう施設はそこにある限り払ってくれます。いずれ山は価値が上がると信じています。だから、安いうちに値打ちのある山を買っておきたいと思うわけです」

これが高橋さんの投資の鉄則なのだろう。ただし、株式投資とは違い、山は木を育て、水をつくり、空気をきれいにして、多くの動植物に恵みを与えてくれる。国土の美しい景観を形成している。そんな山々を買い集め、いつしか50前後の山を所有することになったという。

「将来的には子どもに譲るかもしれませんが、わかりません。本多静六さんのように寄付するかもしれません。山は、育ててくれる人に譲ってこそだと思っていますから」

齢80を前にして、山に惹かれる気持ちは高校生の頃から変わっていないようだ。

高橋さんの投資的な山林の購入ポイントをまとめると、次のようになる。


**【投資としての山の選び方】**

・地籍調査がしてあり、境界線が明確である（売買しやすい）
・檜の山、杉の山（樹木の植生はどうなっているか？　用材としての価値の高さ）
・水源地になっている（買い手がつきやすい）
・山林内に電力会社などの鉄塔が立っている（鉄塔敷地の賃料が入る）
・竹林や景観のよい場所がある（タケノコやきのこ類など山の産物が採れ、セールスポイントになる）

【事例⑪】

## 森林保全と森の音を再生する事業へ（神奈川）

場所＝神奈川県　面積＝約3万坪　価格＝――万円

物心がついた頃から自然界への関心が高かったという上田博嗣さんは、20代にはナショナルトラスト運動（無理な開発による環境破壊から自然を守るための市民活動）の考えに共感して山林探しをしていたという。そして5年ほど前に知人を介してようやく神奈川県に約3万坪の山林を取得した。

「いろいろな山を見て回りましたが、最近耳にするようなキャンプ用ではありませんし、林業をするわけでもありません。説明するのが難しいのですが、3万坪程度の広さの森を個人で守ることができるのなら、やってみようと思ったのが購入の動機ですね。自然はどんどん開発されてなくなりますが、人類が発展しようとすれば都市化を止めることはできません。ジブリの映画に『平成狸合戦ぽんぽこ』がありましたが、あれは多摩丘陵をニュータウンにする開発計画で山林が脅かされる話でした。映画に感化された部分もありますが、そもそも自然と共生と言いながら人間は一方的に開発しますよね」

自然と共生するためには、個人で山林を守るのが手っ取り早いと考えたのが、上田さんが山林を取得した理由のひとつだ。

「個人名義で持っていて売却しなければ、森を守れるのはせいぜい100年くらいでしょう。代替わりすれば、分割される可能性がある。それでも所有している間は守ることができます。日本では所有権が強いので」と、自然を守ることの難しさに言及する。

上田さんが山林にこだわる理由はいくつかある。そのひとつは、仕事にも関わっている。といっても林業関連ではなく、現在、「R-LIVE」という自然の音源コンテンツの制作と、その音源システムの提供をする会社を経営しているのだ。その事業を展開する原点は、自然界の音が詰まった「森の音」になると言っていいだろう。山林を活かした実にクリエイティブな関わり方をしているのである。

賑やかなバブル経済の頃に、レコード会社の新規事業部で立ち上げた自然界の音源のソフト化事業を独自に進化させて独立。具体的には、森の中の音を忠実に録音し、公共空間や家の中で再現するのである。これだけ聞くと、渓流のせせらぎや海岸に打ち寄せる波の音、風の音、野鳥のさえずりなど、自然界の音を録音したヒーリングソフト提供事業に勘違いしそうだが、その中身はまったく異なる。例えば、音楽CDなど一般的な音源ソフトは人間の可聴周波数だけを切り取っているが、上田さんはすべての周波数の音を拾って音源化しているのだ。

「可聴域を超えた自然の音に包まれて暮らしていた時代とは違い、都市化が進んだ現代では、特に都市生活では自然音が失われ、多くの人が自律神経や心の状態のバランスを崩しているとも考えられます」

上田さんが説明するように、都市生活では自然が少なく、あったとしても人工的な植生の緑地にとどまる。人々のサーカディアンリズム（生体時計）と自然界をシンクロさせることで自律神経を整え、心のやすらぎを取り戻し、自分と大切な人との居場所に居心地のよい空間を創出するのが事業内容である。自分の森林で採取したものを音源にする。しかし、上田さんの中では森林と事業とは別の次元で捉えている。

「山の購入に関しては、売主のプライバシーもあるので詳細は説明できませんが、誰にでも譲るつもりがあったわけではないと思います。素性をよく知らない人に売却して、デベロッパーに転売されれば開発されてしまうでしょうからね」

受け継いできた大切な山林を売却する立場からすれば、金銭の問題より、山林を入手した後、買い手がどのように守っていくのかが気がかりになるのは当然だ。

山林を単なる投資対象と見なすのは自由だが、すでに紹介した高橋さんのように、山を育てていくことを見据えて所有している人たちがいることも確かなのである。

「山までそれほど遠くないので、ふらりと散策に足を運ぶこともあれば、レコード会社時代の知り合いを通じてPVの撮影の案内をすることもありますね」

小学生の頃からネイティブ・アメリカンなど少数民族が侵略者に滅ぼされるジェノサイドに問題意識を持つなど、上田さんは探究心が旺盛な変わり者だと自嘲気味に話す。例えば、生物とは何か、動的平衡とは何か、時間とは何か、音とは……そういう森羅万象の事柄を自ら追究し、本質を探ることに夢中になれたのだという。音響環境学の第一人者の大橋力博士の著作から、『時間は存在しない』でベストセラーになった物理学者のカルロ・ロベッリの著作まで、幅広く読み込むほどの読書家でもある。その探究心は、森の音で都市空間の新たな活用と再構築を目指しているようにも受け取れる。近代の都市形成においては、パークシステムと呼ばれる市街地開発と緑地の保全・整備が併行して行われてきた。いまもそうした考えをベースに発展させて人工的な緑地を配した開発が進められている。これは、1990年代頃より、アメリカで発案された社会資本整備手法の「グリーンインフラ」の考えが日本でも広まり、自然環境が有する多様な機能をインフラ整備に活用する考え方を基本としている。特にアメリカでは、「都市に自然をもたらし、心身の健康を向上させ、財産価値を高め、エネルギーを節約し、野生動物の生息を強化」(国土交通省のサイトから)することをグリーンインフラの考え方としている。誤解を恐れずに言えば、上田さんの目指す森の音源事業は、人工構造物で囲まれた都市空間に、実在する緑地ではなく、目に見えない森の音で新しい可能性を拓こうとしているようにも解釈できる。

「高校時代の友人のつながりから、いまの山を購入できました。山が欲しいと願っていて、山を持っている人はいないかって、誰彼なしに片っ端から聞き回っていたんです。その頃はいまと違って、ネットで山林を売り出しているようなこともなかったので。念ずれば思いは通じるものです」

都市開発を進行させず、自然環境保全のための山林所有と言えば耳ざわりがいい。そう言うと、きっと上田さんは「そんなものではない」と一笑に付しそうだ。誰かが守る、その誰かになる一歩を踏み出しただけなのかもしれない。

「お笑い芸人のヒロシさんが山を買って人気らしいけど、僕の名前はひろしだし、山も先に買っているし、規模も大きいからね。小さいヒロシはキャンプするらしいけど、大きいひろしは何もしない、って冗談を周りには言ってますよ」

50代後半の上田さんは人生の折り返し点を過ぎ、大事な森林が心の拠り所にもなっていると話す。

「何かとんでもない災害が起きたり非常事態になったりしてもこの森で生き延びることができるような気がするし、山に籠もって自給自足しなければならなくなった場合でも薪はあるし、水もあるから、避難できる場所としても大切ですね」

核戦争でも想定しているのか、どこまで冗談で本気なのか計りかねる答えが返ってくる。もし非常事態が起きて、3万坪の森林に避難できるのであれば、それは安心感にもつながりそうだが、逆に上田さんの不安を受け止めているのが広大な森だとすれば、やはり人間には自然が必要だという気もする。

## 【事例⑫】
## 相続した山は暮らしのアトリエ（三重）

場所＝三重県　面積＝３０００坪　価格＝相続

ニューヨークで画家として活躍していた戸田陽子さんは、新型コロナウイルスの感染爆発で、アメリカから故郷の三重県に戻って時間を持て余していた。20代の頃は東南アジアで写真家として活動し、その後イタリアやパリの美術学校で学ぶと、世界各地で個展を開いて注目される。話を聞いていると、半世紀以上も前のアクティブな時代よりも、いまのほうがエネルギッシュな印象がする。そんな戸田さんが山に登りはじめたきっかけは、足腰が弱らないようにと日々の運動のつもりだったという。山に出かけると、植物好きの山ガールたちと知り合った。そんな山友達のために、家族が持つ山で過ごす楽しみを共有し始めたのが一昨年のことだ。

「山林は私と弟で相続したものです。私の山はざっと３０００坪くらいでしょうか。祖父の頃の話ですが、山はもともと村の共有地でした」

山の仲間と一緒に山林を散策しながら、山道の整備をしている様子。周囲の立ち木はかなり育っている。

山林は江戸時代からの入会地であり、村落の共有地として認識されていた歴史がある。幕府や朝廷の領地でない多くの山林は、個人の所有物ではなかったのである。明治以降に不動産として売買されるようになったが、山林は狩猟や農業を営む生活圏であり、売買は盛んではなかった。

山はコモンズ（入会地）であり、村全体のものだったのだ。その後、山村の過疎化が始まり、生活様式の変化とともに、山は分割されていったのである。

「相続した山でしたから、何も手を入れずにいました。弟に任せっぱなし。それで、山の仲間と少し整備しようとなって、それ以来、どんどんエスカレートして、10本以上間伐したり木を植えたり種をまいたり、球根を植えたりと、いまでは週2、3度山に入っています」

戸田さんのように山林を相続すると、そのままにするケースは少なくないと言われる。農家の後継者不足と少子高齢化によって耕作放棄地が年々増加していくのと同じで、林業では材木のニーズが下がって価格も低迷しているため、産業の衰退に拍車がかかり、荒廃した山林が増えている。相続した山林は、この1、2年ほどのブーム的なニーズが当時はなかったため、山主は売却しようとしても買い手がほとんどない状況が続いていた。売れずに固定資産税を払うばかりなので、山主の中には無料でもいいので引き取ってくれる人がいれば手放したい人もいるという話もよく聞かれた。宅地とは違って山林の固定資産税は安いものの、少額であっても何十年にもわたって払い続けてい

間伐をしたり、新たに桜を植林したり、少しずつ山林を整備する楽しみは格別。未来に向かって自然というキャンバスで作品を制作しているようでもある。

手つかずの清流の近くで、水音を耳にしながら山仲間とおにぎりを食べたりお茶を飲んだりして過ごせば、リラックスできると戸田さんはいう。

れば、それなりの負担になる。

しかし、戸田さんのように故郷に戻って来たときに山林が残っているのは、感慨深いだろう。山主だけではなく、周りの人たちにとっても時代が変わりゆく中で、変わらぬ風景を与えてくれる山々は、地域の共有財産だ。

「山の作業が、いつの間にか日課のようになっていて、次は何をやろうかと考えています。小さな川があるので、その河原を整備したり、歩きやすいように道を整地したり、仲間と一緒に山づくりを楽しんでいます。酸素の豊富な山での仕事は体力作りには最適で、いまでは健康増進も兼ねて山通いをしています」

自分の山が、まるでアトリエのような空間になり、戸田さんのイメージした構図を実際の景観の中に再現しているような感じでもある。

「ハードな山作業の後のおにぎりのおいしいこと！　通い始めるとどんどん仕事も増えてきて、間伐、植林だけでなく、河原の整理や道づくり、ゴミ掃除、石での階段整備などなど、枚挙にいとまがありません。結構な力仕事もありますが、首にタオルを巻き、腰には整骨院からいただいてきた腰痛予防のベルトまで巻いて汗を流しています」

戸田さんのはつらつとした言葉の裏に、山の仕事に対する喜びが感じられる。これほど懸命に山に向き合い始めたのは、何十年か後には美しい里山になるのを夢見ているからだと話す。

「この川沿いには野生のヤマザクラの大木とカエデが5本、育っています。もっと寒くなったらヤマザクラをもう一本、川沿いに植える予定です。春の桜、夏の緑、秋の紅葉、河原のきれいな水を汲んでコーヒーを作りながら自然を愛でる、なんと贅沢な時間でしょう。しかも、森林にいるだけで免疫がアップするとは」


おしゃべりも大好きな戸田さんらしく、山の仲間たちとの山仕事の合間のコミュニケーションが楽しくて仕方ないと話す。人間の生活の中で、家と職場（学校）のほかに第三の居場所になるサードプレイスが、心身のバランスを整えるためにも重要だと言われている。戸田さんにとって、山がそのサードプレイスになっていると見ることもできるだろう。山林というキャンバスに描く作業をしているとも解釈できそうだ。そう考えれば、最後の言葉にも得心するのではないだろうか。

「今後、荒れた山を美しい里山に戻しながら、楽しむ人が増えていくことを願っています」

相続という形で山林を受け継いだときは、それほど関心はなかったものの、半世紀以上も変わらぬ景観を守ろうと気持ちが動いたのだ。原風景となる里山づくりこそが戸田さんの作品のひとつになるのは間違いなさそうだ。

# 第3章

# 山林売買から管理まで

## 山林はどこで探すか

マイホームを探すとき、まずはネットで不動産情報を調べるだろう。地域によって地価も変わる。賃貸物件を探すのか、購入するのか。購入する場合なら、予算はいくらで、戸建てかマンションかなど、条件を絞りながら物件を探すことになる。

では、山林を買う場合はどうだろうか？

5、6年前にはほとんどなかったが、最近では、ネット検索をすると、山林を売買している不動産サイトがいくつも出てくる。

山林売買の先駆け的存在として知られる和歌山の「山林バンク（マウンテンボイス）」や、京都で2017年にスタートした「山いちば」、岐阜の「山林売買．net」、森林不動産市場の拡大と発展を目指す日本アジアグループのJAGフォレスト株式会社が運営する「森林net」などがある。

このほか、地元の不動産業者に問い合わせてみるのもひとつだろう。もともと山林は住宅と違って、取引件数や売買の頻度が高いわけではない。そのため、仲介業や専業が成立しにくかった背景がある。

さらに、山林は相続されるケースが多く、不動産として市場に多く出回るものではなく、知り合いや紹介などを通して売買に至るのである。

山林の売買で、最も早くから事業に取り組んでいる山林バンクの辰己昌樹代表によれば、「山の売買は、住宅と違って宅建の免許もいらなければ、手数料も決まっていません」という。

確かに、住宅の売買を事業にする場合は、「宅地建物取引士」のライセンスを持っていなければ取引できないため、山林の売買でも同じように資格が必要なのだと思いがちだ。しかし、「宅地建物取引士」が扱うのは、宅地建物で、山林ではない。要するに山林の不動産事業には資格が必要ないのである。

とはいえ、先に紹介した山林バンクなどは、いわゆる宅地建物の不動産屋事業も行うため宅地建物取引業免許も持っている。

山林を探す場合も住宅を探す場合もネットで絞り込むのが簡単だ。特に山林を取り扱っているところは少ないため、２つ、３つのサイトを見比べるだけでも売り物件の山林はかなりの数になる。そうやって山林のおおよそのマーケット相場を知った上で、気になる山林を扱っているところに連絡してみるのがいい。

山林を購入する人は、「いい山があれば、また買いたい」という意向を持っている。そのため、コレクターのようにいくつもの所有者になっているケースもある。そういう経験者になれば、一般競争入札による土地売払（公売）等を活用することもできるだろう。物件は少ないが、例えば林野庁のウェブサイトから「国有地の売払い情報」を見れば、全国の森林管理局から物件情報を入手できる。

また、「Yahoo!官公庁オークション」では、官公庁の税金滞納者等の差し押さえ財産や官公庁所有の公有財産売却の出品があり、中には山林の不動産物件も出ている。出品者が官公庁であり、妥当な入札価格を設定している場合もあるので、条件がマッチすれば入札してみるのもいいだろう。

一方、不動産業者を通じて情報を得るのなら、目星をつけた山林のある地元の不動産業者に聞き込むのが早いだろう。有名な全国展開しているような不動産業者ではなく、あくまで地元で営んでいる不動産業者だ。そういう業者は、たいてい地元の土地や賃貸建物の所有者とのネットワークを持っており、山里にある土地や山林の売却などの相談を受ける機会もある。そういう地元との太いネットワークを持っているかは、店構えだけではわからない。

一般的に不動産事業を長く続けているベテラン業者で物件を探すのがよいと言われる。参考になるとよく言われるのは、事務所内に掲げられている「宅地建物取引業者免許証」の番号だろう。

例えば、東京都内でのみ不動産業をするのであれば都道府県知事免許を受けることになり、「東京都知事（1）第000号」と表記されている。カッコ内の数字は5年ごとの免許の更新回数を示しており、（2）であれば10年以上の営業実績があり、（3）となっていれば15年以上の営業実績と読み解ける。従って、「東京都知事（4）第0000号」となっていれば、都内で20年の不動産業を営んでいることを示すため、カッコ内の更新数を確認するといいと言うわけである。

一方、東京都と埼玉県や神奈川県など、複数の都道府県にまたがって不動産業（本店・支店を展開）を展開している場合は、「国土交通大臣免許」が必要になる。こちらも更新回数を示すカッコ内の数字「国土交通大臣（1）第0000号」から営業実績の長さを推測できる。ただし、都内では30年の実績を持っていても山梨県でも不動産業を始めた場合、仮に「東京都知事（6）第0000号」だったとしても「国土交通大臣（1）第0000号」となるため、カッコ内の数字を見るだけでは長い営業実績はわからない。

ただ、こうした免許の更新回数は、長年地元で営業してきた実績を示す目安にすぎない。その場合は、やはり近隣の地元食堂や酒屋などから不動産業者の評判を聞いてみることも必要になる。

地元の不動産業者以外では、森林組合に問い合わせるのも一案だろう。森林組合とは、林野庁の説明によると、森林所有者が出資して設立した協同組合にあたる。こうして設立された森林組合は、「森林所有者の森林経営のために、経営指導、施業の受託、共同購入、林産物の加工・販売など、組合員が共同で利用する様々な事業」を行っているのである。

早い話が、山林の所有者と直接連絡を取れるように取り計らってくれたり、仲介して連絡をしてくれるため、売り出し中の山林があるかどうかがわかる。したがって、購入を希望する山林エリアの森林組合へ売り出し中の物件がないか問い合わせるのがいいだろう。最近では森林組合のホームページで売り物件を掲載している場合もある。ただし、なじみのない人が電話で山林の物件の有無を訊ねても警戒されかねない。コロナ禍で訪問するのも大変だが、やはり直接足を運んで森林組合の人と対面して話をすることも必要になる。森林組合の人たちは山を大切にしているため、直接話をしているうちに、こちら側のこともわかってくれる。山の管理に関してもプロの目で提案してくれ、相談にも乗ってくれる頼りになる存在だ。

「山さえ買えればいい」というのではなく、山域全体のことを考えてみることも山を持つ人には必要かもしれない。購入後の管理の相談がしやすいという意味では、目当ての地域の森林組合で売り出し物件を探すのもいいアイデアだろう。

## 山林の価格の相場を知るには

土地の価格は、「地価公示・地価調査」を参考にする方法か、「取引事例」を参考にする方法で、相場がわかると考えていいだろう。地価公示・地価調査というのは、国土交通省が毎年発表している地価になり、不動産取引の地価の目安になる。インターネットで調べるなら、無料で使える「土地総合情報システム」（国土交通省）を利用するのが簡単だ（https://www.land.mlit.go.jp/webland/）。

ただし、これで山林の地価がわかるかというと、そう簡単な話ではない。地価公示のための公表地点は全国に2万以上あるものの、すべてを網羅しているわけではないのだ。

土地総合情報システムのトップ画面から、「地価公示　都道府県地価調査」をクリックすると、日本地図の画面になる。ここから自分が価格を知りたい山林のある都道府県を絞り込んでいく。

住宅の場合なら、このシステムを使うことで、地価の相場を知ることはできる。だが、山林の場合の公表地点が少ないために、検索してもデータが見当たらないという結果になる場合が多い。

ではどうやって山林の価格が決まるのだろうか。樹木のニーズが高い時代には、山林は宝の山で、樹木の一本一本の単価も含めて価格がつけられていた。

宅地と違い、立地条件の捉え方も違う。林業を営む山林としての価値を評価していることもある。

近年、山林の価格が安くなって、中には十数万円から数百万円程度の山林が売りに出されている。マイホームを購入することを考えれば、格段に安く、オートバイや自動車を購入する価格で山林が買える。

そのため、キャンプ用に山を購入したい人が散見されるようになってきた。

「山の価格は、宅地のように単純に広さでは決まりません」と言うのは、山林バンクの辰己昌樹さんだ。

国土交通省の「土地総合情報システム」のウェブサイト。ここから地価の目安を調べることができる。ただし、山林の場合は、調査ポイントがなく参考にならない場合もある。

「最近、多くの人から問い合わせをもらいますが、キャンプ用に山を探している方は、まず水場があること、テントを張れるようにある程度の平坦地があること、そしてそこにアプローチするための最低限の山道があること、この3つを条件に挙げられます。ところが、そういう条件を満たす山は限られています」と辰己さんは語る。

価格は需要と供給のバランスから成り立つ。その原理に立てば、ニーズの高い山林は価格が高めになる傾向にありそうだ。キャンプ用に山林を求めている人が、テントも張れない急斜面の続く山林は安くても買わないし、投資で買いたい人は高値で売買できる檜が多い山なら高くても買うのである。

日本の山林の約７割が個人の所有する山林になり、いわゆる山主は相続して山林を所有している場合がほとんどだ。そうした山主たちは高齢化が進んで、所有する山林の管理もままならないため、誰かに託したいと思っている。しかも自分の山林へ愛着を持っている人が多く、手放すにあたっては、山林を受け継いで守って欲しいという気持ちが強い。そのため、信頼できる相手であれば、破格の価格になる場合もある。実際、山林の近くに移住してくれることを条件に無料にするケースもあったという。つまり、山林の価格は、山主（売り手）の言い値に近い部分もあるわけだ。

また、販売している山林が、ある山域の斜面の一部であったり、何人もの所有者の山林に隣接して囲まれているような場合もあり、活用法がほとんどないようなケースもある。そうした山林は、値段があってないようなものだ。山林は宅地と比べて売買の頻度が低いため、一概に相場はわかりにくい。販売実績のある仲介業者に依頼する場合でも実際に見て、いろいろと説明を聞いた上で価格について判断するしかない。

## 山林の購入にあたって〜手続きと流れ〜

ここで山林購入の手続きと流れについて説明しておこう。山林購入は、家の購入よりも簡単だ。家の場合は、土地と建物があるが、山林は基本的に土地のみだ（立木は含まれる）。購入時にあたっては、主に次のような項目を不動産業者に確認しておくとよい。

**【山林購入時の主なチェックポイント】**

・現地を確認したか？
・「地籍調査」は済んでいるか？　境界線は明確か？
・土地の用途は？
・規制や条例等はあるか？
・道はあるか？
・インフラ（水道・電気・ガスは引けるのか）
・管轄の森林組合は？
・予算は？（宅地でないために住宅ローンは組めない）

・契約手続きのスケジュールは？
・支払いと登記手続き
・登記後の維持費など

山林を扱っている不動産業者で、場所、広さや立木の種類、方角、車で乗り入れられるかなど、自分の希望する条件に合った山林を絞り込む。写真や動画などで確認するほか、その物件の資料を取り寄せることだ。そして、必ず現地の山林を確認しよう。地図や写真などで確認するだけでなく、実際に山林の中に入り歩いて立体的に捉えることだ。平坦地がどの程度広がっているのか、また斜面の傾斜の感覚などは実際に歩いてみなければつかめない。

次に、「地籍調査」が済んでいる山林かどうかの確認だ。国土交通省の説明によれば地籍調査とは、「主に市町村が主体となって、一筆ごとの土地の所有者、地番、地目を調査し、境界の位置と面積を測量する調査」となる。つまり、「地籍」とは、「土地に関する戸籍」と言ってよいのである。なお、一筆とは土地の所有権等を公示するために、人為的に分けた区画のことで、土地は「筆（ひつ）」という単位でカウントされている。そのため、登記所では一筆ごとに登記がなされ、土地取引の単位になっているのである。

さて、山林を購入する上で、地籍調査が済んでいるかどうかは非常に重要なポイントになる。なぜなら、地籍調査が済んでいる山林は、近隣の山林との境界線が明確になっていることを示す。実は、地籍調査のルーツは1873（明治6）年からの「地租改正」に遡る。この地租改正とは、土地の所有者を確定して納税の基準にするための税制改革で、このとき土地の測量が行われ図面（「公図」と呼ぶ）が作成されたのである。しかし、短期間で素人の土地所有者が測量を行っていたために、面積や形状が現地と整合していないばかりか、脱落地や重複地があったりする。当然、当時の測量技術の未熟さもある。その「公図」が、いまだに使用されている場合があるのだ。そうなると、隣地との境界線があいまいで、正確な所有敷地面積がわからない。境界線があいまいなままだと、土地境界を巡る紛争が起きるリスクがあるほか、売却したいときにも買い手がつきにくい。「明治時代の公図なんて、もうほとんど地籍調査で正確なものに修正されているのでは？」と思う人も少なくないはずだ。ところが、残念なことに地籍調査が進んでおらず、境界線があいまいな山林は多いのである。地籍調査は自治体が行うため、土地の所有者が個別に費用を負担するものでもない。

土地の用途についてだが、これは登記簿の「地目」を確認すればわかる。「山林」もしくは「雑種地」などになっているはずである。不動産登記法によって登記簿に記載される情報で、全部で23種類に分類されている。

次に、山林売買等に係る規制や条例としては、①土地取得規制、②開発規制、③地下水等の取水

**地目の種類**

| 地目 | 概要 | 地目コード |
|---|---|---|
| 田 | 農耕地で用水を利用して耕作する土地 | 40 |
| 畑 | 農耕地で用水を利用しないで耕作する土地 | 50 |
| 宅地 | 建物の敷地及びその維持若しくは効用を果たすために必要な土地 | 10 |
| 学校用地 | 校舎、附属施設の敷地及び運動場 | 31 |
| 鉄道用地 | 鉄道の駅舎、附属施設及び路線の敷地 | 36 |
| 塩田 | 海水を引き入れて塩を採取する土地 | 89 |
| 鉱泉地 | 鉱泉（温泉を含む）の湧出口及びその維持に必要な土地 | 88 |
| 池沼 | かんがい用水でない水の貯留地 | 87 |
| 山林 | 耕作の方法によらないで竹木の生育する土地 | 71 |
| 牧場 | 家畜を放牧する土地 | 60 |
| 原野 | 耕作の方法によらないで雑草、かん木類の生育する土地 | 73 |
| 墓地 | 人の遺体又は遺骨を埋葬する土地。墓地、埋葬等に関する法律（昭和23年5月31日法律第48号） | 34 |
| 境内地 | 境内に属する土地であって、宗教法人法（昭和26年法律第126号）第３条第２号及び第３号に掲げる土地（宗教法人の所有に属しないものを含む） | 33 |
| 運河用地 | 運河法（大正２年法律第16号）第12条第１項第１号又は第２号に掲げる土地 | 83 |
| 水道用地 | 専ら給水の目的で敷設する水道の水源地、貯水池、ろ水場又は水道線路に要する土地 | 82 |
| 用悪水路 | かんがい用又は悪水はいせつ用の水路 | 84 |
| ため池 | 耕地かんがい用の用水貯留地 | 86 |
| 堤 | 防水のために築造した堤防 | 81 |
| 井溝 | 田畝又は村落の間にある通水路 | 85 |
| 保安林 | 森林法（昭和26年法律第249号）に基づき農林水産大臣が保安林として指定した土地 | 72 |
| 公衆用道路 | 一般交通の用に供する道路（道路法（昭和27年法律第180号）による道路であるかどうかを問わない） | 35 |
| 公園 | 公衆の遊楽のために供する土地 | 32 |
| 雑種地 | 以上のいずれにも該当しない土地 | 90 |

※筆者作成

土地の用途を示す登記簿の区分になる。現在23種類の地目がある。山林を購入するのであれば、地目は山林または原野、保安林、雑種地などになる。

規制になるだろうが、土地取得については届け出をすればよい。開発規制については1ヘクタールを超える開発を行う場合は許可が必要になるし、購入する山林が「保安林」に指定されている場合は、無許可では立木の伐採などができないので確認しておこう。里山に近い山林なら、「市街化調整区域」に指定されている場合もある。市街化調整区域とは、建築物の建築が制限されている区域であるため、「都市計画法に適合する建築物」以外は建築することができないことになっている。

また、この都市計画法に適合する建築物というのがくせもので、許可は出ない前提だと思っていたほうがいい。その地域にとって必要性があり、正当な理由でなければまず建築許可は下りない。そのため、個人的に使用するログハウスのような建物やちょっとした作業小屋を建てることさえ市街化調整区域では認められないのである。もしも小屋などを建てようと考えているのであれば、購入前に役所に一度相談してみるといいだろう。

なお、保安林については、あとで詳しく解説するので、先に進もう。

山林を購入する目的にもよるが、アクセスは重要で、山林の入り口まで車で乗り入れが可能かどうかを確認しておきたい。また、そのときの山道なり、林道の道幅が狭くては心配だろう。崖崩れや土砂崩れで通行止めになるリスクなどは現地での確認と、過去に災害等で通行止めになったことがあるかを役所に問い合わせてみるといい。同時に、気になる電気、水道などインフラに関しても確認しておきたい。電気や水についての対策は、あとで述べるので、ここでは省く。

山林の購入に関して言えば、売買契約書を交わして代金を払って、所有権登記が済めば終わりである。しかし、山林の所有者となると、その山林に対する責任が出てくる。しっかり管理も見据えておかなければ、隣接する山林や近くの民家などへ迷惑をかける可能性も出てくる。

例えば、所有する山林内の立木の管理をしておらず、台風などで倒れたとする。その倒木が道路向こうの民家を直撃した場合、山主の損害賠償責任問題となる。「自然災害だから、想定外だから」という理由では、責任は免れない場合もあるのだ。

山林購入の代金は、約束期日までに銀行振り込みになる。住宅購入の場合は住宅ローンを組むことが可能だが、山林では当然のことだが住宅ローンが組めない。宅地と比べても割安な山林をローンで購入しようと考える人は少ない。もしもローンを使うのであれば、使用目的が自由なフリーローンなどがある。ただし、金利が高めで返済期間が短いためあまりおすすめはできない。

具体的な購入手続きの流れを説明しておこう。まず、不動産業者が用意してくれる山林に関する資料を受け取り、現地を見学して購入意思を固めたら、購入申し込みをする。そのときに、お金の支払期日や必要書類に関することは教えてもらえる。契約時に必要なのは、身分証明書になる運転免許証やパスポート、健康保険証などだ。住民票と印鑑証明書の公的書類も用意しておくように言われる。不動産売買時には、印鑑証明書が必要になるので、契約日までに用意しておきたい。最近は役所だけでなく、コンビニエンスストアのキオスク端末（マルチコピー機）でも発行することができる。ただし、コンビニで発行できる市区町村は768カ所で、すべての役所が対応しているわけではない（2021年1月10日現在）。また、マイナンバーカード（または、住民基本台帳カード）を取得していることが必要になる。マイナンバーカードを作成していない場合は、役所で発行してもらう。

土地売買は、登記を完了させなければ所有権は移らない。この登記の手続きに関して、登記料（印紙代）などの費用がかかる。登記そのものは、登記所で誰でも行えるが、慣れない手続きは面倒で手間がかかる。そのため、行政書士や司法書士などに委託して行われることが多い。また、山林の評価額が低いために登録料（＝登録免許税）がほとんどかからず、山林購入代金以外にかかる初期費用は一般的に15万円から20万円程度で済む。

登記完了までの期間は、10日前後とされているが、1カ月以上かかる場合もある。登記が完了した後、「登記済権利証」を受け取る。登記の予定は、不動産業者に確認しておきたい。

ここまでが山林売買の契約から取得までの流れになる。山林を取得したあとは、役所への山林の土地所有者の届け出を提出する。登記完了のあとにしなければならないことと言えば、不動産を取得したときにかかる不動産取得税の支払いになる。そして、年1回の固定資産税の納付が必要になるが、不動産としての土地評価額が低いので、広い山林の場合でも数千円から数万円程度で済むことが多い。

## 山林の購入の費用にはどんなものがあるか

山林を購入する場合、山林の価格以外に必要な費用がある。これは住宅を購入する場合でも同じだ。まず、登記費用がかかる。所有者が変わるわけだから、所有権の移転を登記しなければならない。その際に、印紙代や登録免許税を払う必要がある。さらに、その手続きを司法書士に依頼するのか自分でやるのかで、費用は違ってくる。

このほか、売買にあたって、契約書の作成や山主と購入者との打ち合わせや細かな対応に応じて「事務手数料」がかかる。これは事前に斡旋してくれる相手（不動産業者や森林組合など）に訊いておこう。

また、購入前に現地を訪ねる場合は、交通費などもかかるほか、遠隔地であれば宿泊費もみておきたい。

すでに触れたが、山林は宅地の売買とは違う。したがって、山林の斡旋に関して一般的な不動産仲介業者のような仲介手数料（報酬額）の制限はない。

少し詳しく説明しておくと、住宅を購入した経験のある方なら、取引金額によって不動産業者に支払う仲介手数料に制限があることをご存じだろう。宅地建物取引業法では、仲介手数料の上限が

不動産仲介手数料(報酬額) ＊注１

| 取引額 | 報酬額(税抜き) |
|---|---|
| 取引額200万円以下の金額 | 取引額の5%以内 |
| 取引額200万円超〜400万円以下の金額 | 取引額の4%以内 |
| 取引額400万円超える金額 | 取引額の3%以内 |

※なお、【取引金額×３%＋６万円】は速算式による計算式
＊注１：報酬額は、一方の依頼者分(売主 or 買い手)
注)アメリカでは利益相反になるため、一方の依頼者の仲介しかできないが、日本では両者から報酬をもらうことが昔から容認されて問題視されている。(表は筆者作成)

不動産売買における仲介手数料の一覧。ただし、これは宅地・家屋の売買に限っての規定であり、山林の売買は対象にはならない。手数料の目安にしてほしい。

取引金額によって決まっている。

仲介手数料の計算は、次のようになる。取引金額の２００万円以下の部分に5パーセント、２００万円超〜４００万円以下の部分は4パーセントの仲介手数料になる。取引額の４００万円超になる部分に3パーセントの仲介手数料がかかるのである。いま１０００万円の取引が成立した場合、仲介手数料の計算は、１０００万円のうち２００万円部分については5パーセントの10万円の仲介手数料がかかる。２００万円超えから４００万円の部分については4パーセントの仲介手数料なので、２００万円×４パーセント＝8万円。４００万円超えて１０００万円までの６００万円分に対しては3パーセントの仲介手数料が上限となるため、６００万円×3パーセント＝18万円になる。これらの仲介手数料を足すと、合計36万円（消費税別）。

すでにご存じの方もいるだろうが、４００万円を超える取引額の場合は、額面の3パーセント＋６万円が仲介手数料

の上限だと紹介していることが多い。これは速算法で1000万円の取引額であれば、1000万円×3パーセント+6万円=36万円（消費税別）の仲介手数料となる。先ほどの結果と同じだが、こちらは計算が簡便だ。住宅の場合は400万円以上になる取引が多いため、速算法で仲介手数料を計算するのが一般的になっている。（ちなみに、仲介業者は、売主と買い手から同額の仲介手数料を受け取ることが可能で、このケースでは最大72万円の仲介手数料になる）。

しかし、これは宅地の話で、山林にはあてはまらないと説明した。山林の売買では、仲介手数料の下限も上限もないため、手数料も仲介者の言い値になりやすい。

そこで、のちのちトラブルにならないために、あらかじめ山林の売買の仲介手数料に関しても訊いておくことが肝心だ。

山林の価格は割安になっており、数十万円から数百万円で購入可能だ。宅地の取引を目安にすれば、購入する山林が80万円なら、仲介手数料は80万円×5パーセントで4万円になる。だが10万円の仲介手数料を請求されても山林の売買では、法律違反でもない。また、法律の規定があるわけではないため、仲介手数料をゼロにもできるのである。

ある山林売買の不動産業者は、仲介料込みで山林の価格を提示している。宅地の売買よりも自由度がきくためで、こうした手数料関連は不動産業者で扱いが違うので確認しておきたい。

ここまでは山林の購入時に必要な費用になる。なお、購入後には、「不動産取得税」を支払う必

森林の土地の所有者届出書

年　　月　　日

市町村長　殿

住　所

届出人　　氏名（法人にあつては、名称及び代表者の氏名）　　印

電話番号

次のとおり新たに森林の土地の所有者となつたので、森林法第１０条の７の２第１項の規定により届け出ます。

| 所有権の移転に関する事項 | 前所有者の住所 | 前所有者の氏名（法人にあつては、名称及び代表者の氏名） |
|---|---|---|
| | | |
| | 所有者となつた年月日 | 所有権の移転の原因 |
| | 年　　月　　日 | |

| 土地に関する事項 | 番号 | 土地の所在場所 | | | | 面積（ｈａ） | 持分割合 |
|---|---|---|---|---|---|---|---|
| | | 市町村 | 大字 | 字 | 地番 | | |
| | 1 | | | | | | |
| | 2 | | | | | | |
| | 3 | | | | | | |
| | | | | | | | |
| | 計 | | | | | | |
| 備　考 | | | | | | | |

注意事項

1　新たに所有者となつた森林の土地について、その所在する市町村ごとに提出すること。
2　氏名を自署する場合においては、押印を省略することができる。
3　所有権の移転の原因欄には、売買、相続、贈与、会社の合併など具体的に記載すること。
4　土地に関する事項は、番号欄の番号に対応して、一筆の土地ごとに記載すること。
5　面積は、ヘクタールを単位とし、小数第４位まで記載し、第５位を四捨五入すること。
6　持分割合は、新たに所有者となつた土地について共有している場合に記載すること。
7　備考欄には、森林の土地の用途、森林の土地の境界の把握の有無その他参考となる事項を記載すること。
8　規則第７条第２項に規定する次の書類を添付すること。
(1) 当該土地の位置を示す地図
(2) 当該土地の登記事項証明書その他の届出の原因を証明する書面

森林の土地の所有者届出書は、個人や相続など、事情別に記入見本が用意されているので、適したものを選んで参考にするのがよい。

要がある。これは、土地や家屋を購入したり、家屋を建築するなどして不動産を取得したときに、かかる税金である。そのほか、固定資産税や森林環境税なども払わなくてはならない。

なお、山林購入後は、山林の所在地の市町村に「森林の土地所有者届」を提出する必要がある。届け出の期日は、所有者となって90日以内となっている。２０１２（平成24）年に設けられ、届け出をしなかった場合、または虚偽の届け出をした場合は、10万円以下の過料が科されることがある（ただし、国土利用計画法に基づく土地売買契約の届出を提出した場合は不要。市街化区域で２０００平方メートル以上、その他の都市計画区域で５０００平方メートル以上、都市計画区域外で１００００平方メートル以上の土地の売買契約時は届出が必要）。

この森林の土地所有者届に添付して提出するものが、その森林の土地の位置を示す図面（任意の図面に大まかな位置を記入したもの）と、森林の登記事項証明書（写しでも可）または土地売買契約書、相続分割協議の目録、土地の権利書の写しなど権利を取得したことがわかる書類である。

## 山林にインフラは整備できるか

山林を購入し、敷地内に小屋を建ててセカンドハウスにしたい場合もあるだろう。キャンプ用に最低限のインフラを整えたいこともあるかもしれない。山林の中だからといって不便を強いられるのは我慢できないという人も増えている。現代人は、いつでも快適便利を求め、「ドラえもんが欲しい症候群」になっている。だから、山林の中でも電気も水道もガスも必要となる。では、それを用意するにはどうすればいいか？

【電気】

管轄の電力会社に依頼すれば、山林の近くまで引いてもらえる。敷地内の建物までの引き込み工事などは、電気工事会社へ委託が必要な場合があり、有料工事になることもあるので、その場合は見積もりを取る。詳しくは、後ほど述べることにするが、電気を確保するという意味では、太陽光パネルを用意して、自家発電を検討するのも一案だろう。また、ソーラー充電できる大容量のポータブル電源もある。蓄電性能が高くなっているのでニーズに合わせて電気使用容量や使用時間を選べるなど製品の幅が広がっている。また、灯油発電機、ガス発電機、ガソリン発電機、マイクロ水力発電機、風力発電装置を利用して発電する手もあるが、発電機の購入費用や燃料代の負担があるほか、発電機の稼働音がうるさいのが難点である。

【水道】

水道本管が近くまで来ている場合は、敷地内から本管までの接続工事費を負担する必要がある。水源がある山林では濾過装置を使って自家用水道にすることもできる。

水源がない場合は、井戸を掘って飲料水を確保する手もある。井戸を掘って水が出てくるのは、深さ30メートルが目安だと言われるが、場合によっては50メートル以上掘っても水がでないこともある。山林のある市町村に、井戸設置の届け出について問い合わせておく。

自治体によっては、井戸の設置を条例で規制し、市長の許可が必要な山梨県北杜市のようなところもある。

なお、井戸の設置のためのボーリング工事代は、掘る深さや口径、工法によって変わってくるが、1メートル1万円前後だといわれる。もし工事が必要な場合には、複数社に相見積もりを取り、工事方法など詳細を聞くことも大切だ。また、井戸水は電動ポンプでくみ上げるタイプが主流になっており、電気の確保が難しい山林では手動ポンプの設置は必要だろう。通販サイトでは自力で掘削するための道具も販売されているので、自分で掘ってみたい場合は試してみるのもいいがおすすめはできない。

井戸の場合、その地域の土壌に含まれる自然由来の有害物質によって汚染されている場合があるため、必ず水質検査をして成分を見ておきたい。結果によっては飲料水には不適格な場合もある。山林の中に沢が流れていれば、そこから取水するのは難しくない。ポリタンク型非常用浄水器などを使って飲料水を確保することもできる。また、ソーラーパワーを使ったポータブルな浄水器なども開発されており、例えば、太陽光エネルギーを使ったアウトドア製品を手がけるＧＯ Ｓｕｎが発表した「ＧＯ Ｓｕｎ ＦＬＯＷ」の浄水能力は１分に１リットル程度だが、フル充電で約３８０リットルの浄水が可能だ。まだ一般販売されていないが、こうした簡易で衛生的な浄水機器があれば、飲料水に不自由することはないだろう。特に電源を必要としないアウトドア向けや防災用の浄水器も多く、手軽に飲料水を確保することもできる。

【ガス】

料理のときによく使うガスカートリッジのコンロをはじめ簡易ガスコンロなどもあり、ガスは比較的に確保しやすい。地方で多いプロパンガスなどもあり、山林でガスを利用したい場合は、状況によって活用すればいい。また、ガスを使わなくても薪などによる火の確保はしやすい。

## 山林に電気を引けるのか

まず山林を購入し、ちょっとした小屋を建てたりキャンプ場を開設するために電気が必要になる。

しかし、人里から離れていたり、人家が近くにない場合は、電柱もない。山小屋などは発電機を使ったり、太陽光パネルで電気供給をしているが、安定的な電気供給を希望するなら、管轄の電力会社に依頼することになる。いわゆるインフラをどうするかだ。

では、東京電力の管轄の山林を購入し、電気を引き込みたいケースを考えてみよう。問い合わせ先は東京電力ではなく、「東京電力パワーグリッド」(https://www.tepco.co.jp/pg/)である。

例えば、購入を検討している山林の候補地が複数あり、契約前だとする。その場合は、東京電力パワーグリッドのトップページから、「託送・お手続き・サービス」をクリックする。ここで「供給事前協議」を申込む必要がある。ウェブサイトからも申込めるので、コロナ禍で、わざわざ出かけて相談しなくてもよいので便利だ。

手続きの流れをざっと見ていくと、最初に電力会社と事前協議をする。これは、電気を引き込む住所や建物などの必要な情報を入力フォームに打ち込み、必要書類を添付してウェブサイトから登録することができる。申し込みを済ませると、電力会社は事前に使用場所までの供給ルートや、電力会社の供給設備工事について検討する。そして電気の使用場所までの必要な設備設計を行うことになる。

その際、設備の工事に際して用地交渉が必要な場合は、設計完了後に実施する。この段階で有償工事が必要なのかどうかが判明する。

なお、電気を引きたい山林が複数ある場合でも、わかる範囲で必要な情報を入力して登録しておけば、それぞれのケースで、どのような工事をするのか、また何が必要なのかについて担当者から、およそ1週間以内に連絡がある。購入予定の山林が複数ある場合、山林の広さや価格で比較するだけでなく、電気の引き込みにいくらかかるのかを比較してから購入を考えてもいいだろう。

ちなみに、キャンプ場の開設を目指して兵庫県で13万坪の山林を買った上山夫妻の場合、関西電力が電柱を敷地内に立ててくれたという。まだ管理棟まで電気を引き込んでいないものの、敷地内に電柱が立つことで、年間数百円の敷地使用料にあたる収入を得ている。

## 山林所有者の税金は

山林の購入は、マイホームの購入よりも手間がかからない。これは手続き上のことで、住宅の場合は土地と建物の購入に加え、住宅ローンを組んだ場合などは多くの書類に署名捺印する。印紙税も高く、登記手続きを司法書士等に依頼する場合が多い。

そのため、事務手数料や諸費用などを合わせて100万円近くかかることも珍しくない。一方、山林の場合は、土地の登記変更くらいで、大きな手数料はかからない。

当然、山林を購入した場合でもマイホームを購入した場合と同じように税金はかかる。最も気になるのが「固定資産税」だろう。これは不動産を所有していれば、毎年支払う必要がある。山林の固定資産税は、宅地に比べて断然安い。大きな負担にはならないものの、税金に詳しくなければ、心配だろう。

ではまず、固定資産税について見ていこう。固定資産税は、毎年1月1日現在の土地・家屋を所有する者に対して課税される地方税で、「固定資産税評価額（課税標準額）」が税額の基準となる。ちなみに、この評価額は3年に一度見直される。この固定資産の税額は「固定資産税評価額」×1.4パーセントで計算できる。

例えば、1000万円の固定資産税評価額であれば、それに1.4パーセントを乗じて算出した14万円が最終的な固定資産税額になる。もしも500万円の固定資産税評価額なら7万円になるし、100万円の場合なら1万4000円の税額になる。

では、固定資産税評価額はどのように算出されているのだろうか？　これは不動産のある場所（地域）や広さ（面積）、形状などによって変わってくる。

都市部が高く、僻地は安く設定される傾向が見られるが、これは当然のことで地価に連動しているためだ。

不動産には「一物五価」という言葉があり、ひとつの不動産に対して5つの価格とその調べ方が存在する。参考までに紹介しておくと、「①実勢価格（時価）」「②公示地価・基準地価」「③相続税評価額」「④固定資産税評価額」「⑤鑑定評価額」になる。

ところで、固定資産税評価額がどのくらいなのかを知りたければ、実勢価格の70パーセントを目安にして計算するのがいい。固定資産税評価額は一般的に、公示価格の70パーセント程度とされているためだ。

例えば実勢価格1000万円の場合は、固定資産税評価額は約700万円となり、700万円×1.4パーセントの計算では9万8000円になる。10万円もしないのである。ところが、最近は実勢価格が安い山林も多く、100万円以下のものもあり、そうなると、固定資産税評価額はさらに低くなる。100万円の70パーセントの70万円が固定資産税評価額で、そこから固定資産税を計算すると9800円で1万円を切ってしまう。

山林の固定資産税が安いと言われるのは、固定資産税評価額が高くないためだ。山林を購入する人にとっては、税金が安く済むことがわかり、一安心だろう。

なお、固定資産税評価額がもともと安い山林だが、さらに固定資産税が非課税になるケースがある。固定資産税には、所有者が国や自治体のような場合の「人的非課税」と地方税法で定められた公共の墓地や保安林、国有林などが非課税になる「物的非課税」がある。したがって、購入した山林が保安林であれば、非課税になるのである。

購入する山林が保安林であるかは、山林のある都道府県農林課（役所によって呼称が異なる場合もある）で確認するといいだろう。保安林についてはまた説明するので、ここでは、保安林であれば税金がかからないと覚えておく程度でよい。

さて、固定資産税以外には「不動産取得税」がかかる。これは不動産を取得したときに一回かかるだけだ。細かく言えば、購入した山林が保有林であれば不動産取得税はかからない。また、相続した場合も不要になる。

また、山林に関する税金として、２０２４（令和６）年度から課税される「森林環境税」がある。この税金は個人住民税均等割の枠組みを用いて、国税として１人年額１０００円を市町村が賦課徴収することになっているので、山林所有者に限って支払うわけではない。

この新しい税金は２０１９（平成31）年３月に「森林環境税及び森林環境譲与税に関する法律」が成立したことで創設されたものになる。実際に課税されるのは、２０２４（令和６）年度からだ。

また同時に創設されたのが「森林環境譲与税」（以下、環境譲与税）で、こちらは２０１９年度から前倒しで実施されている。

環境譲与税は、早い話が国民から集められた森林環境税を原資として、国から市町村や都道府県にそのまま交付するものだ。図表を見るとわかるように、税金が徴収されて「交付税及び譲与税配付金特別会計」に入り、それを国が都道府県や市町村へ分配する流れになる。

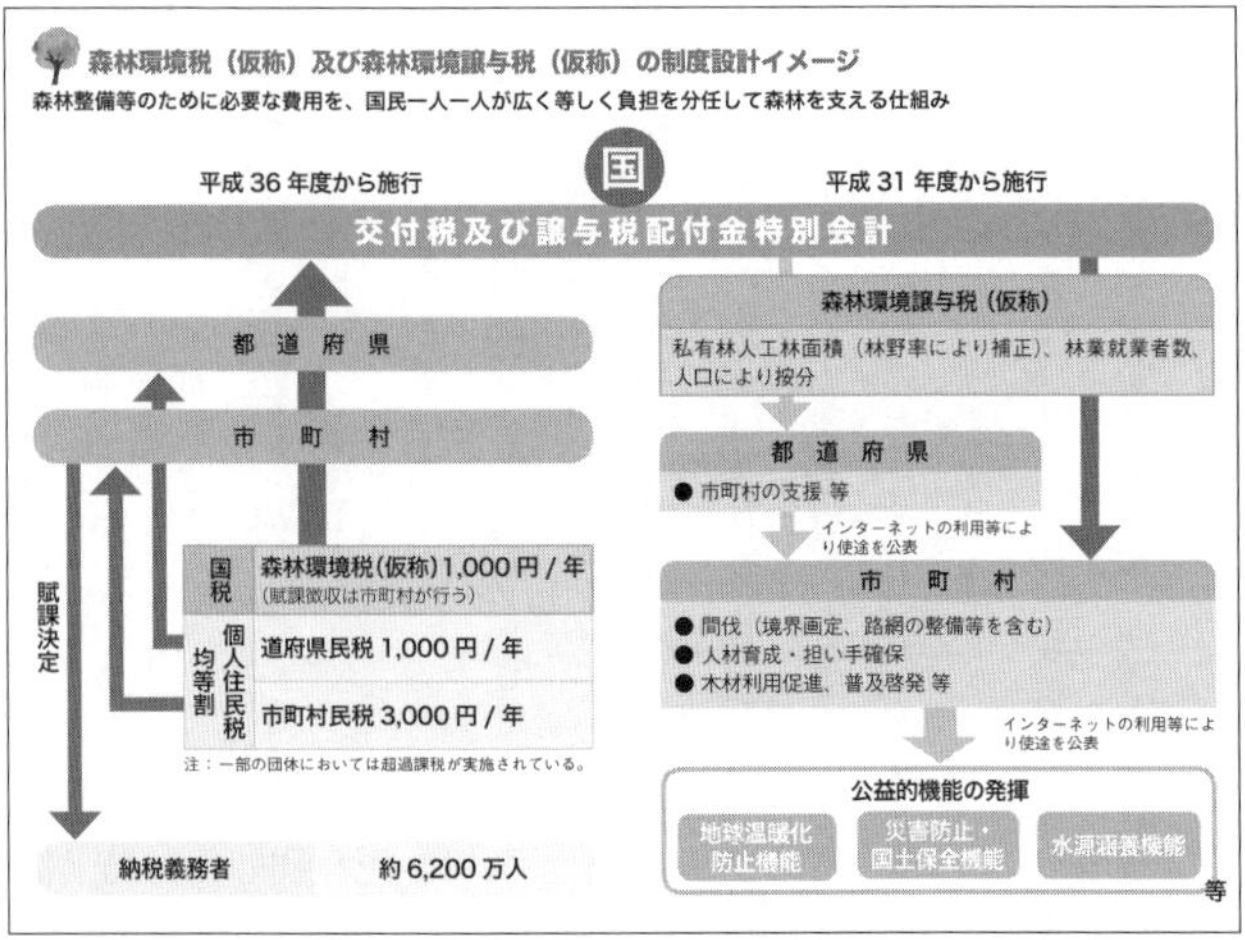


森林環境税の徴収と交付の関係を表示した図。林野庁が発刊する「林野」2018年2月（No.131）より一部引用。

そのお金を都道府県では「森林整備を実施する市町村の支援等に関する費用」に充て、市町村では間伐や人材育成・担い手の確保、木材利用の促進や普及啓発等の「森林整備及びその促進に関する費用」に充てる目的で使うことになる。

森林環境税が創設された背景には、2015（平成27）年の「パリ協定」の採択がある。森林環境税の創設が必要とされたのは、温室効果ガス排出削減目標の達成や災害防止等を図るための森林整備等に必要な地方財源を安定的に確保するためなのだ。

## 山林購入後の管理はどうするのか

山を購入したら、管理をどうすればいいのだろうか。基本的には、土地や宅地を購入した場合と考え方は変わらない。ただし、山林の場合は樹木があり、下草などが自生する。そのため、放置しておくと雑草が生い茂ってしまう。山道があっても荒れてしまい、いつしか獣道と見分けがつかなくなるなどして、人が立ち入れなくなる場合もある。

山林の購入者に共通するアドバイスは、「草刈りを怠らない」ことになる。特にキャンプ用に平らなスペースを確保したい場合、頻繁に草刈りをしておくことがキャンプライフには重要だ。

しかしながら草刈りをしても1週間後には、また草が顔を出していることは当たり前だと覚悟しておくほうがいいだろう。一定の区画を整地したい場合には、重機を使うのが効率的だ。輸送路が確保できるのであれば、重機レンタル費用を出して土中にある大きな岩や土の掘り起こしを検討していいかもしれない。

立木の育成に関しては、林業を営むつもりがない場合でも気を配っておきたい。自分の山にどんな種類の樹木がどのくらいあるのかを知っておくことで、枝打ちや間伐するタイミングなどの予定も立てやすい。

もちろん、山林の購入後、管理などは何もしないという所有者も少なからずいるが、そういう山は荒れるのが早くなる。さらに、荒れた山林には野生動物が多く生息しやすくなれば、周辺の山林に獣害が及ぶ可能性もあり、管理を適正にしていなかったために迷惑をかけることになる。

「特に管理はしていない」「森林組合があるのは知っているが、林業をやるわけではないので、組合員にもなっていない」「管理しなければならないようなものはないと思う」など、管理に関して無頓着な声が多くなっている。相続で山林が細かく分割されて、適正な管理をしている山林と、管理をしていない山林が入り乱れている山域もある。山林は、所有するエリアだけでなく、全体をひとつの山としてどう管理していくかで、環境のバランスのとれた美しい山林に育つと言ってよいだろう。

日本の山林は、ほとんどが植林されており、立木の生育を見ながら計画的な間伐や選木、売却をする循環型の管理を目指している。適切な管理のためには、購入した山林の状況を詳しく知らなくてはならない。

そこで山林の管理をする上で頼りになるのが、管轄区域にある森林組合になる。山林の管理だけでなく、山域の状況を知っているので、山林に関する問題なら、何でも相談に乗ってもらえるし、アドバイスももらえる。

山林を適切に維持管理する項目としては、「下刈り」「間伐」「枝打ち」「つる切り」「林道整備」

などがある。こうした作業をするには、山林や育林に詳しくないとできない。個人で山林の管理をしようとすると、立木を傷めたり枯れさせたりすることにもなりかねない。山林の規模によって、管理のための手間も人手も必要になるが、自分でできなければ、代わりに森林組合が管理作業を有料で引き受けてくれる。

また、間伐することで補助金も出るため、時期や山林の範囲によっては費用がほとんどかからないことも多い。逆に、間伐材の売却で、数百万円の収入を得たという山林オーナーもいる。

山林の管理は樹木の本数や樹齢、種類を調べるだけではない。登記上の隣地との境界を確認することも重要なことになり、また現状の樹林がどのような状態になっており、何年後に伐り出したり植林したりするのか、全体の育林計画も必要になる。

「山林バンク」の辰己さんによれば、山林の購入後の管理は、森林組合に委託するのがベターだという。そうすれば、境界線の杭設置をしてくれたり、作業道（林道）の整備などもしてくれるという。そのために森林組合の組合員になっておくこともぜひ考えたい。

森林組合に管理を委託する場合、維持管理費はどのくらいかかるのだろうか？　それは山林の面積や地形、アクセスの難易度、樹木の生育年数により異なる。樹木の成長期である生育10年前後までが最も手間がかかると言われ、ここで立派な大木へ育てることができるかが決まる。若木が多い山林のほうが、管理費がかかるのか、それとも50年以上の立木が多いと手間がかかるのか購入前に聞いてみてもいいだろう。

なお、整備費用などは、山林の面積や下草の繁茂した状態などで異なるため、森林組合へ相談して見積もりをもらうと安心できるだろう。

購入した山林が保有林に指定されている場合は、様々な制限があり、勝手に立木の間伐などはできないので要注意である。

## 山の自然災害にどう対処するのか

山の自然災害は突然起きるため、その被害範囲などによって対処法は変わってくる。山林を買いたい人は、主に利用目的のための要望が満たせればよいと考えて、災害時のことまで考えることは少ないだろう。キャンプ用なのか、森林保全なのか、投資目的なのか、いずれの場合においても山林の安全を考えることは重要だろう。山林の安全とは、自然災害が起きるリスクが低いことだ。日本は地震大国であり、大型台風や大雨による河川の氾濫など自然災害が起きやすい。全国の各区市町村はハザードマップを作成しており、災害リスクを見える化している。河川がある山林地域は、雨水などが一気に流れ込んで横溢、氾濫しやすいために土石流や地滑り、山崩れのリスクがある。

まずは、ハザードマップで、購入を検討している山林のある地域の危険度をチェックすることを忘れずにしておこう。現地を視察すると、地図ではわからなかった地形の細かい変化などに気づくこともある。山の斜面や川の流れを観察することで、山地災害が起きる兆しがわかる場合もあると言われる。主につぎの８つが山地災害の起きる危険信号である。

・川が濁る
・川の水位が下がった
・斜面に亀裂が走った
・斜面から落石がある
・湧き水がへった
・湧き水が増えた
・井戸水が濁った
・地鳴りがする

山を見にいって川が濁っていたり木の枝が流れてくると、上流での山崩れが起きている可能性が考えられる。例えば雨の降った翌日など、川の水位の変化とともに流木の有無を確認することで、周辺のリスクに気づくこともある。川の水位が下がっている場合には、どこか上流などで山崩れが発生し、川の水を堰き止めていることも考えられる。ふだんの水量や水位と違った場合、地形の変化が原因になっていると疑っていいだろう。

遠くから離れて山林を見たときに、山の木が傾いたり斜面に亀裂が入っている場合は、地滑りや山崩れの前触れと受け取ることもできるので、近づかないことだ。また、山の斜面から小石など落石が転がり落ちてくる場所は、落石の間隔にもよるが山崩れの危険信号だと言われる。山道で石が落ちている箇所を通る際にも要注意だ。

湧き水がある、もしくは川が流れている山林のニーズは高い。さらにある程度の広さで平坦な場所が確保できる山林は、キャンプ用として人気がある。川が流れていたり湧き水がある山は、立木ばかりの山よりも変化があり、山林の表情も豊かだ。しかし、時にその湧き水の水量の変化が山地災害の予兆となることもある。

例えば水量が減ったり増えたりすると、地下水の流れに変化が起きたと想像できる。湧き水の周りの地層に何かしらの大きな変化が起きたとすれば、地滑りや山崩れの兆しと考えられる。山地災害はいつどこで起きるかわからないからこそ、山林の購入にあたっては、購入前に災害発生の危険度を調べておきたい。井戸の水が濁ったり、地鳴りがする現象があれば、地震などの大きな災害を想定できる。こうした山地災害を防ぐには、林野庁がすすめる治山事業による整備が重要になる。

## 令和元年の山地災害等の発生状況(確定)

<被害概況>

令和元年の山地災害等は、令和元年東日本台風(台風第19号)による集中豪雨等により、治山関係と林道施設等の被害を合わせて、被害箇所数16,130か所、被害額約1,039億円であり、被害額の対前年同期比は41%となっている。

(1)民有林・国有林別被害

(単位:百万円)

| 区　分 | 民有林 | | 国有林 | | 合計 | |
|---|---|---|---|---|---|---|
| | 箇所数 | 被害額 | 箇所数 | 被害額 | 箇所数 | 被害額 |
| 林地荒廃 | 1,484 | 48,147 | 265 | 11,294 | 1,749 | 59,441 |
| 治山施設 | 240 | 4,093 | 27 | 822 | 267 | 4,915 |
| 計 | 1724 | 52,240 | 292 | 12,116 | 2,016 | 64,356 |
| 林道施設等 | 12,450 | 34,120 | 1,664 | 5,467 | 14,114 | 39,587 |
| 合　計 | 14,174 | 86,360 | 1,956 | 17,583 | 16,130 | 103,943 |

(2)主な災害別被害と被災都道府県

(単位:百万円)

| 区　分 | 被　害 | | 主な都道府県 |
|---|---|---|---|
| | 箇所数 | 被害額 | |
| 融雪災害 | 9 | 616 | 新潟県、鳥取県、北海道 |
| 豪雨災害 | 1,411 | 7,742 | 佐賀県、福岡県、鹿児島県、長崎県 |
| 地すべり災害 | 14 | 2,183 | 石川県、新潟県、熊本県、北海道 |
| 風浪災害 | 2 | 93 | 新潟県 |
| 落石災害 | 5 | 92 | 岐阜県、北海道、兵庫県 |
| 山形県沖地震災害 | 32 | 67 | 山形県、新潟県 |
| 梅雨災(～6/27,7/6～16,23～) | 186 | 2,157 | 熊本県、群馬県、鹿児島県、高知県 |
| 台風第3号災害 | 8 | 106 | 高知県、徳島県 |
| 梅雨災(6/28～7/5) | 482 | 2,737 | 鹿児島県、熊本県、宮崎県、石川県 |
| 台風第5号災害 | 370 | 1,266 | 熊本県、長崎県、宮崎県、福岡県 |
| 梅雨災(7/17～22) | 121 | 932 | 高知県、島根県、静岡県、広島県 |
| 台風第6号災害 | 20 | 963 | 和歌山県、長野県、新潟県、静岡県 |
| 台風第8号災害 | 62 | 506 | 大分県、宮崎県、高知県 |
| 台風第9号災害 | 5 | 5 | 沖縄県 |
| 台風第10号災害 | 558 | 2,909 | 徳島県、高知県、北海道、和歌山県 |
| 台風第13号災害 | 1 | 3 | 沖縄県 |
| 令和元年房総半島台風(台風第15号)災害 | 302 | 2,911 | 静岡県、千葉県、山梨県、群馬県 |
| 台風第17号災害 | 197 | 3,811 | 宮崎県、長崎県、島根県、熊本県 |
| 台風第18号災害 | 16 | 137 | 高知県、大分県、沖縄県 |
| 令和元年東日本台風(台風第19号)災害 | 12,148 | 71,717 | 宮城県、福島県、栃木県、神奈川県 |
| 台風第21号災害 | 180 | 2,965 | 千葉県、愛知県、三重県、高知県 |
| その他災害 | 1 | 24 | 静岡県 |
| 合　計 | 16,130 | 103,943 | 宮城県、福島県、栃木県、神奈川県 |

※四捨五入により合計と内訳は一致しない場合がある。

2019(令和元)年は、台風第19号や７月の梅雨前線豪雨により、激甚な山地災害が発生した。「山地災害の発生状況」林野庁のウェブサイトより引用。

だが、最近の自然災害による被害は大きく、十分な対応ができているとは言いがたい。

2019（令和元）年の山地災害の発生状況を見ても被害箇所は2000箇所を超え、被害総額は約644億円にもおよんでいる。山林を所有することは、こうした山地災害に直面するリスクも背負うのだ。具体的に災害別被害を見ると、豪雨災害と台風19号と21号による風雨が原因になっており、特に大型だった台風19号は1311カ所の被害を数える。

山地災害で山崩れや土石流が発生すれば、地形も変わり山主にとっては大きな損失になる場合もあるだろう。山道が落石で塞がれたり、山の斜面の崩落の兆候が見られると、市町村が山道の復旧や斜面の補強工事を実施する。これらは治山事業の一環である。

また、林野庁のデータによれば、過去10年の山地災害の発生状況は、かなりバラツキがあることがわかる。2018年の北海道胆振東部地震、2016年の熊本地震では、それぞれ被害箇所が4062、2265になっている。山地災害の発生は防げないが、被害を少なくすることはできる。それが治山事業にあたるが、行政任せではカバーしきれない。そのため、山主の日頃からの山林管理も重要になる。山林を購入したら、やはり管理を考えるべきだろう。

第2章や山林の管理のところでも簡単に触れたが、台風や集中豪雨などで山林から土砂の流出、風雨による倒木などが生じる可能性もある。

例えば、山崩れによって県道や国道の交通を遮断した場合、その復旧費用などはどうなるのだろ

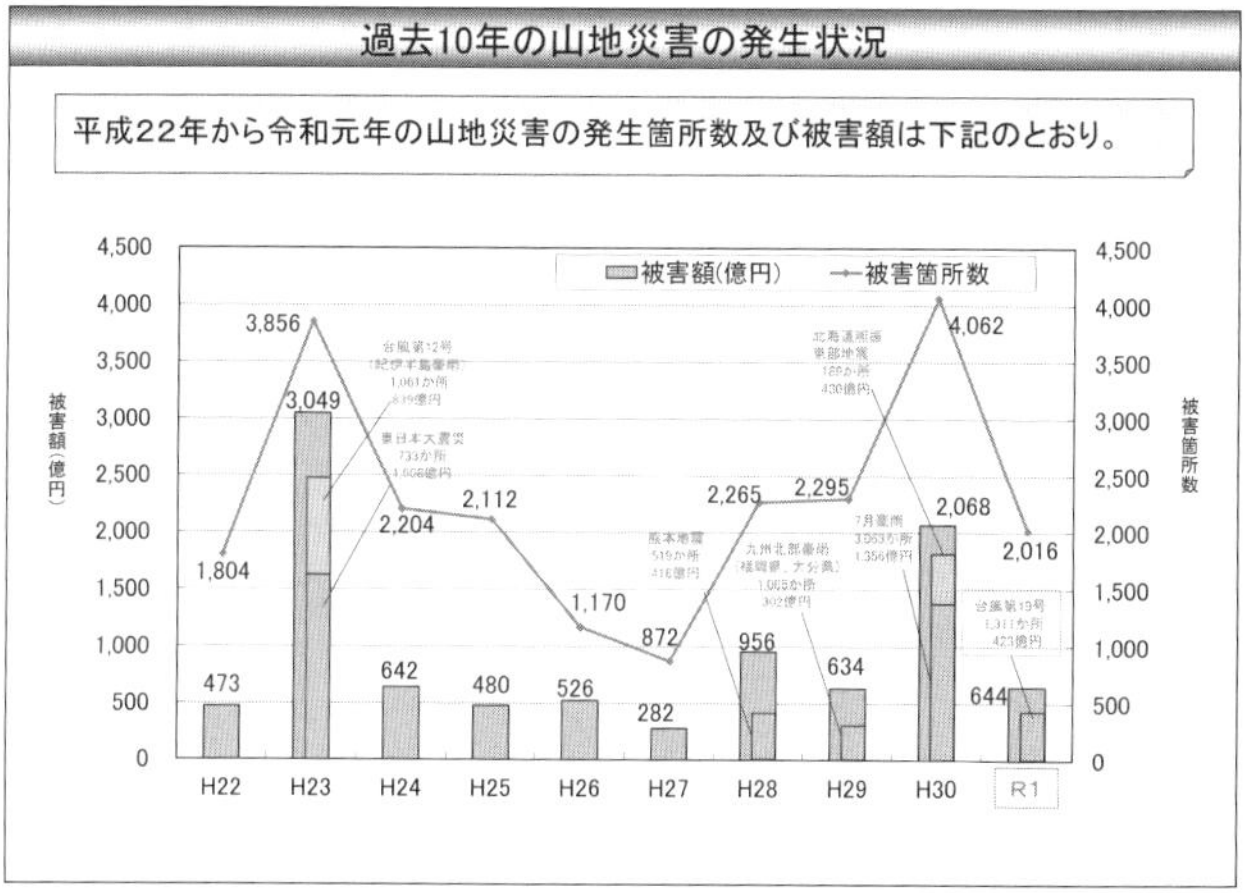


2010（平成22）年から2019（令和元）年の山地災害の発生箇所数および被害額について。2011（平成23）年は東日本大震災と大型台風で甚大な被災があった。2018（平成30）年は北海道の胆振東部地震が起きた。「山地災害の発生状況」林野庁のウェブサイトより引用。

うか。崩れた山林の所有者に、管理責任があるとされ、費用請求があるのだろうか。

　結論から言えば、山林の所有者には費用負担はないと考えてよい。

　自然災害が原因の場合、行政が道路の復旧を行い、土砂崩れが起きた斜面は整備してコンクリートによる擁壁などで災害防止工事を実施してくれるのである。

　では、所有していた山林の立木が暴風雨などで倒れた場合はどうだろうか。倒れただけで、何も周辺に被害がなければ問題ない。撤去費用は特に請求されないだろう。

　しかしその倒れた立木が道路を超

え、道路向こうに立つ家屋に接触して破損させた場合はどうだろうか。

これは法律問題になってしまうが、倒れた立木の所有者は特定できる。しかも立木が倒れて、他人の家屋を破損させたのであれば、山林所有者の責任が問われる。

こうした場合は、どう解決するのがベストなのかは法律の専門家の見解を仰ぐしかないが、少なくとも山林所有者が弁済費用の負担をする必要がありそうだ。取材した案件では、山林の所有者が弁護士に相談した上で弁済することになったという。

そうした災害時に被害が大きくならないように、日頃から間伐など山林の維持管理を実施しておくことが自然災害対策にもつながっている。

山林を所有するのであれば、山林の管理を含め、近隣エリアへの配慮も心がけておきたい。

## 森林組合の役割と課題は

山林の探し方のところでも森林組合の活動に少し触れたが、ここでは、どのような役割をもって組織されているのか、また日頃から抱えている課題について説明しておこう。

森林組合は、森林組合法によって設立された組織で、森林所有者である組合員からなる協同組合になる。

全国各地にある森林組合の連合が「全国森林組合連合会」（以下、全森）で、その公式ホームページで、その目的を紹介しているので引用してみよう。

「森林組合は、森林所有者が互いに協同して林業の発展をめざす協同組合です。『森林組合法』という法律に基づいて設立されており、この法律は、組合員の経済的社会的地位の向上を図ることと森林の保続培養、森林生産力の増進を図ることを通じて、国民経済の発展に貢献することを目的としています。

つまり、森林組合は、森林所有者自らの相互扶助の組織であるとともに、森林造成を通じて、木材供給のほか国土保全、水資源涵養、環境保全、文化・教育・レクリエーションの場の提供など、森林を通じた人間の生活環境の保全にとって、重要な役割を持つものとして位置づけられています」(http://www.zenmori.org)

森林組合の設立目的が林業の発展であるため、プライベートキャンプのためや自然保全、その他の目的のために山林を取得した人にとっては、それほど魅力的な組織には見えないかもしれない。しかし、環境保全や教育・レクリエーションとしての利用も重要だとしているので、山林の所有者であれば積極的に森林組合に関与することも望ましいといえる。

実際、森林組合側も管轄する山林の所有者が誰になったのか知りたいし、また近隣の山林を管理する上でもコミュニケーションを取りたいと考えている。

「管理を依頼されている山主さんのエリアまで行くのに、手前の山主さんのエリアを通らなければ行けない場合もありますし、間伐をする場合にも山道をつけて運び出すこともあるので、そうしたときに協力いただけないと、管理作業ができなくなります」と、ある関西の森林組合のスタッフは話す。

例えば、山道を使わないまま放置すれば、すぐに荒れてしまう。そのため定期的な管理をしなければ往来に使えなくなるのである。

特に所有する山林が居住地から離れている場合、日頃の管理を地元の森林組合に依頼しておくと何かと便利だ。このほか、今後、林業に携わってみようと考えたときにも相談に乗ってくれるため、頼りになる。

森林組合は、地域の実情に応じてくれるが、林業そのものの低迷が響いており、組織の運営地盤は脆弱と言われる。森林組合が力を発揮できなければ、管轄エリアの山林の維持管理が適正に行われなくなるリスクもある。

管理放棄の山林が増えて山域が荒れないようにするためにも、山林所有者は森林組合と協力しながら健全な環境が維持できるように、様々な活動に参加することも必要だろう。そうすれば、山の楽しみをさらに掘り下げることができるかもしれない。

## 山林の相続問題

山林の購入に関して、手数料や税金の説明はすでにした。ここでは、山林の相続について少し触れておこう。というのも、当たり前だが山林を購入したら売却するまで所有者になる。そしてその山林はいずれ誰かに相続されることになる。子どもがいれば、山林を相続させることも多い。林業が盛んであった頃なら喜んで相続してもらえたかもしれないが、最近では地価が下落した山林は、売却したくても買い手がつかない場合が多い。そこで、山林相続を巡る問題点を挙げて、どう対処すればよいかを説明していこう。

**【相続を巡る問題点は】**

・相続した山林に買い手がつかず、売却できない。
・税金や管理費用がかかる。

・自宅は相続したいが、山林は相続したくない。
・共有林で所有者が不明。
・山林の境界線が明確でない。

遺産相続の場合、山林は相続人の間でマイナスの財産として扱われることがある。資産価値がないと見なされ、不動産業者に売却を打診してもまったく反応がないこともある。もちろん、買い手がすぐ見つかるような条件のよい山林もあるため、一概に山林の相続が負担を抱え込むとは限らない。

一番厄介な問題は、売れない山林を相続してしまった場合だ。売れないために、毎年固定資産税を支払い続けることになる。また、山林の管理をしなければ山が荒れて、ますます売れる可能性が下がり、厄介な資産になってしまう。そのため、地域の森林組合などに管理を委託することになるが、この費用も相続人が払うことになる。なお、委託する仕事の範囲や作業内容によって管理費用は変わる。

相続人の中には、自宅や預貯金などは相続したいが、山林は相続したくない人もいる。しかし、都合のいいものだけを相続することはできないのである。

なお、所有権は一度移すと途中で放棄できないと考えていい。相続の場合、プラスの財産とマイナスの財産があった場合、プラスになるのであれば相続するのが基本だろう。一方、マイナスになるとわかれば相続せず、すべての相続を放棄するしかない。

また、相続放棄をする場合は、相続開始を知ったときから3カ月以内に管轄の家庭裁判所に申し立てをする。何もせず放置していると相続したと見なされるので注意したい。

さらに、集落で所有する共有林の場合は、面倒でトラブルになりやすい。というのも過疎化や少子高齢化が進む中、相続に伴う所有権の移転登記がなされていないケースもあれば、また所有者の一部が不明な山林（共有者不明山林）や山林所有者の全部が不明な山林（所有者不明山林）が生じている場合があるからだ。まず、共有林を相続するのか、それとも放棄するのかでも手間が変わってくる。

相続を放棄する場合はすでに述べたように、すべての相続の放棄を管轄の家庭裁判所に申し立てればいい。しかし、相続する場合は、共有林のままで相続するのか、それとも各人の持分割合で土地を分筆した上で（共有林から個人分を）分けて相続するかによって、手続きの手間も費用も大きく違ってくる。税理士など専門家に相談するのが最善の方法だろう。

最後に境界線が明確でない山林の相続についてだが、このケースも厄介な事例になることが多い。複数の相続人で分割しようにも全体の面積が正確でなければ、トラブルが起きるのは必至である。例えば、広大な山林では隣接地と境界線が曖昧なままだったりする。こういう山林は、いざ売却しようとしてもなかなか買い手がつかない。土地の境界線を巡って近隣とのトラブルになりやすいからだ。そのために測量の専門業者に依頼して、正確な境界線や敷地面積を明確にしたほうがいいのか迷うだろう。そうした費用をかけても売却できるかどうかは別の話になる。しかも境界を確認する場合でも隣接する山林の所有者たちが皆同意しなければコトはスムーズには運ばないのである。境界線が明確にされていないのは、特に山村で起きがちだ。国土交通省でも地籍調査を早急に保全・整備しようとしているが、進んでいないのが実情だ。

いずれにしても境界線問題は、相続のときばかりでなく、山林を売買する場合にも重要項目になる。

共有者不明の山林でないことや境界線の問題を抱えていないことについて、山林を購入する場合には必ず確認しておきたい。

## 山林を巡る原野商法のトラブル再燃か

山林を巡るトラブルは、相続時や境界線問題の時ばかりではない。最近は「原野商法」による金銭的被害や相談が、国民生活センターに多く寄せられている。

あしたの暮らしをわかりやすく
政府広報オンライン
コンテンツで探す　カテゴリで探す　このような方におすすめ
文字 小 大　English ＞
ご案内＞　閲覧支援＞

トップページ ＞ 暮らしに役立つ情報 ＞ 「原野商法」再燃！ 「土地を買い取ります」などの勧誘に要注意

暮らしに役立つ情報　国の政策・施策・取組の中から、私たちの暮らしに身近な情報や役に立つ情報をまとめました。

記事を印刷する

ツイート　いいね！ 440　シェア

令和元年（2019年）6月3日

「原野商法」再燃！
「土地を買い取ります」などの勧誘に要注意

「あなたの持っている原野を高値で買い取ります」——そんな勧誘を受けた方はいませんか？「原野商法」とは、値上がりの見込みがほとんどないような山林や原野について「将来高値で売れる」などと勧誘して不当に買わせるもので、1970～1980年代にかけて被害が多発しました。近年、その被害に遭った方が、さらに被害に遭うケースが増加しています。しかも1件あたりの支払額が高額になっており、被害はより深刻に。最近の手口と予防策をご紹介します。



インデックス

1. 原野商法の二次被害の状況は？
2. どんなふうに勧誘されているの？
3. 原野商法に巻き込まれないためには？

1. 原野商法の二次被害の状況は？
二次被害トラブルの相談件数が急増、被害額は高額化。

「原野商法」は、値上がりの見込みがほとんどないような山林や原野について、実際には建設計画等はないにもかかわらず「開発計画がある」「もうすぐ道路ができる」などとうその説明をしたり、「将来確実に値上がりする」などと問題勧誘を行ったりして販売をする商法です。1970年代から1980年代にかけて被害が多発しました。
この「原野商法」の二次被害が、近年増加しています（図1）。特に、かつて原野商法の被害に遭った方が、「あなたの持っている土地を買い取ります」などといった勧誘をきっかけに巧妙な手口で売却額より高い新たな山林や原野を購入させられる二次被害が目立っています。

「暮らしに役立つ情報」をカテゴリで探す
全て
消費者・環境・人権（106）
消費生活（51）
環境・エネルギー（21）
文化・レジャー（5）
トラブル解決（23）
人権（5）
給付・助成（1）
安全・防犯（57）
製品安全（11）
交通安全（18）
防犯（24）
火災・救急（4）
国民保護（0）
給付・助成（0）
子育て・教育（37）
育児（乳児）（3）
子育て（児童・青少年）（25）
教育（3）
給付・助成（6）
健康・医療・福祉介護（55）
健康（36）
医療（9）
福祉・介護等（5）
給付・助成（5）
災害・復興（28）
防災・減災（21）
復旧・復興（4）
給付・助成（3）
社会保障・税（14）
年金（8）
マイナンバー（0）

「政府広報オンライン」サイト。「暮らしに役立つ情報」では、原野商法などの詐欺について注意喚起がなされている。

１９７０年から80年代にかけて、値上がりの見込みがほとんどないような山林や原野を「将来高値で売れる」などと勧誘して不当に買わせる「原野商法」が全国に広がり、社会問題に発展したことがあった。被害者の多くは泣き寝入りで、売れない原野をいまも所有したままという例もある。

実は、そんな原野商法の被害者たちを狙った、原野商法の二次被害が増加傾向にあるという。政府広報オンラインでは２０１９（令和元）年６

月3日付で、『「原野商法」再燃！「土地を買い取ります」などの勧誘に要注意』の見出しで注意を呼びかけている（https://www.gov-online.go.jp/useful/article/201806/2.html）。

では、どういう手口があったのか、簡単に紹介しておこう。まずは、下取りをするという勧誘下取り型だ。「雑木林を買い取ると勧誘され、節税対策と言われお金を支払った」ケースや「山林を購入したい人がいると説明され、調査と整地費用を払った」ケースの被害があった。

「山林バンク」の辰己さんは、境界線を巡る測量詐欺にも警鐘を鳴らす。その内容をかいつまんで紹介すると、次のような内容だ。

「所有する山林がなかなか売れないと困っている山主に、測量すれば境界線が明確になるため売りやすくなると説明し、高額な測量代を払わせるというやり方です。測量しただけで売れるなら、苦労しませんよ。また、すでに公的機関で測量が完了していたにもかかわらず、いかにも自分たちが測量しましたという顔で法務局から測量図面（地積測量図）を取り寄せて代金を巻き上げる手口も聞いたことがあります」

いずれも辰己さんにインタビューしたときに直接うかがった話だが、測量詐欺とも言える話には非常に憤りを覚えているようだった。山林の売買を17年も手がけてきた実績の中で、かなり苦労されたこともあるのだろう。山を扱っているために、問い合わせの顧客から時には、山師扱いされる

図2　原野商法の二次被害トラブルの年度別相談件数

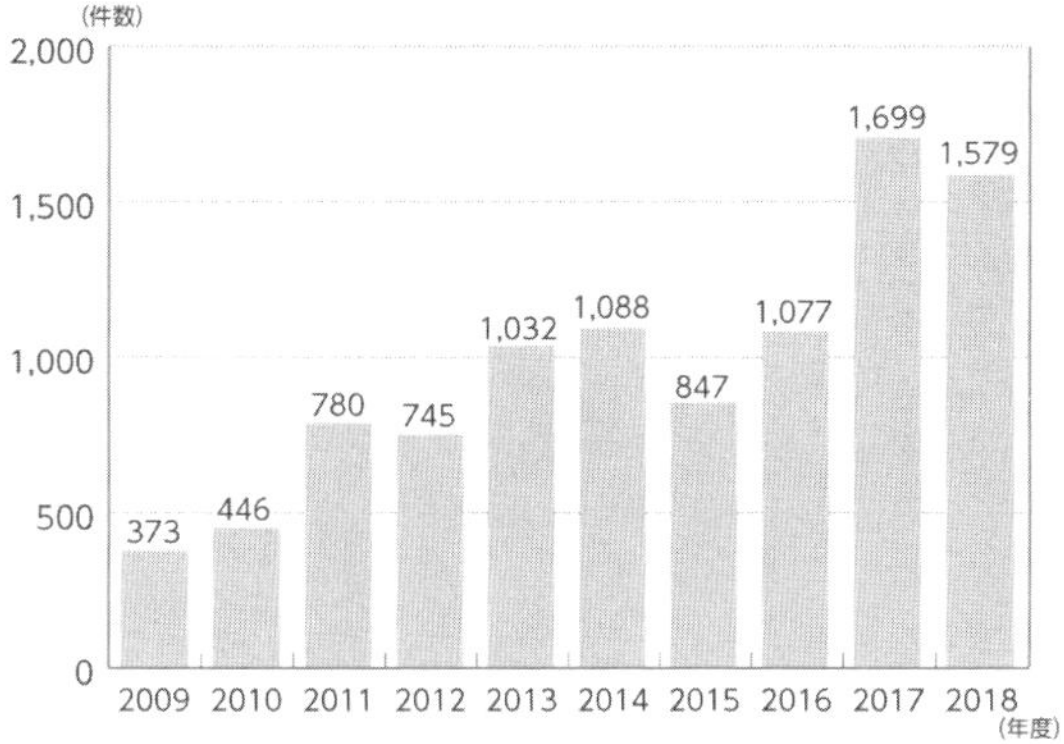


国民生活センター公表資料をもとに作成(2019年4月30日までのPIO-NET 登録分)

しかも1件あたりの平均被害額は、2014年度の189万円から2018年度は484万円と2.6倍と大幅に増加し、被害が深刻化しています(図3)。

図3　原野商法の二次被害トラブルの年度別平均支払金額

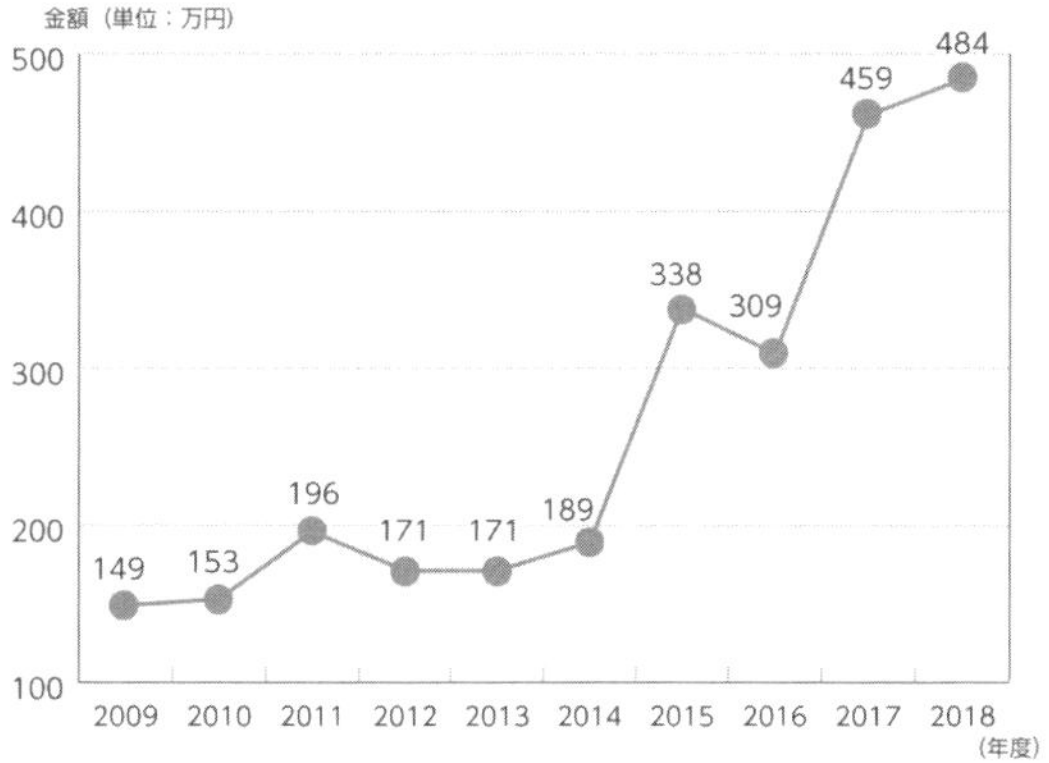


国民生活センター公表資料をもとに作成(2019年4月30日までのPIO-NET 登録分)

原野商法の二次被害トラブルは増加している。平均被害金額は約480万円(2018年度)までになっており、その被害は決して小さくない。最近の山林売買の動きは原野商法とは関係ないが、原野商法の被害者にとっては、価格の安い山林の売買の話題は混同しやすい。信頼できる山林の不動産業者は飛び込みセールスや勧誘をすることはない。

こともあったらしい。

「山を売っているから山師、なんて軽口たたかれて洒落にもなりません」と自嘲気味に話す辰己さん。

原野商法の二次被害トラブルが増えているタイミングと、山林の購入ブームが重なることで、新たな詐欺事件が起きないとも限らない。不動産取引は、信頼と実績で見極めるしかないが、山林購入時は、特に境界線問題をしっかり確認しておこう。

## 「森林経営管理制度」で何が変わる？

２０１９年４月にスタートした「森林経営管理制度」。これは山林所有者に向けた山林の適切な管理を促すためのものだ。対象としては、主に林業のために山林を所有している場合を想定している。本書の対象読者は、林業のために山林を購入するのではなく、キャンプやレクリエーション、自然保護や投資を考えている人だろう。だから一見、関係ないように思えるが、そうでもない。

まず、林業に適した山林は、いずれの用途にも向いていると考えられる。特に自然保護や投資を考えている場合は、林業ができるような植生の豊かな山林を選ぶはずである。林業という観点から

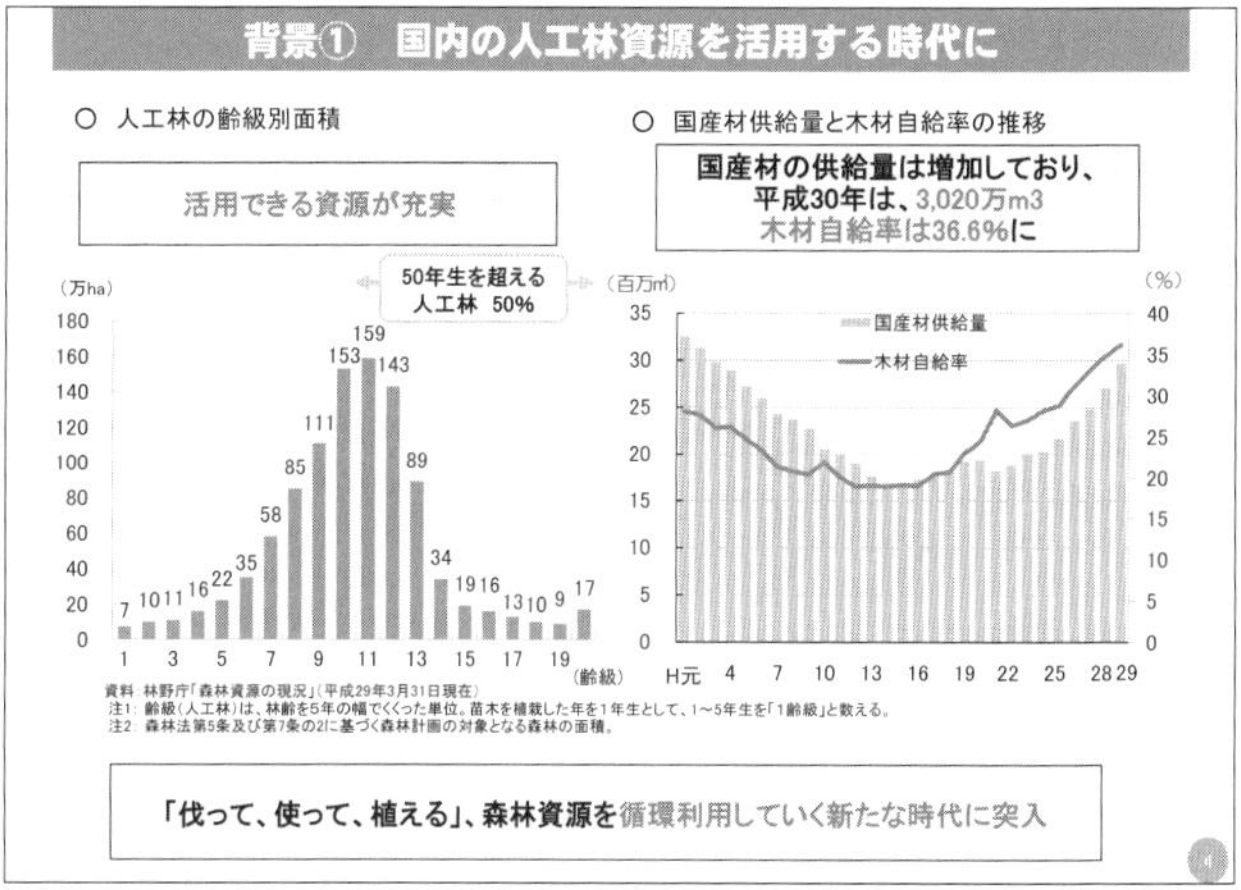


「森林経営管理法（森林経営管理制度）について～林業の成長産業化と森林資源の適切な管理の両立に向けて～」令和２年４月（林野庁）より一部引用。

山林を区分すると、林業に適した山林と適さない山林があることになる。これは山林の価値にもつながるため、もしも山林を購入したい場合は、この差があることを意識したほうがいいだろう。山林の取引価格にも関係する。

例えば、プライベートキャンプ用に買いたいという人は、だいたい３つの条件を挙げるとすでに説明した。繰り返しになるが、自動車が乗り入れできる道がある、テントを張れる平坦な場所がある、近くに沢（水源）があることだ。同じ条件が揃う山林でも荒れているより、きちんと管理されている山林のほうがいいだろう。

また、自然保護や投資目的なら、きちん

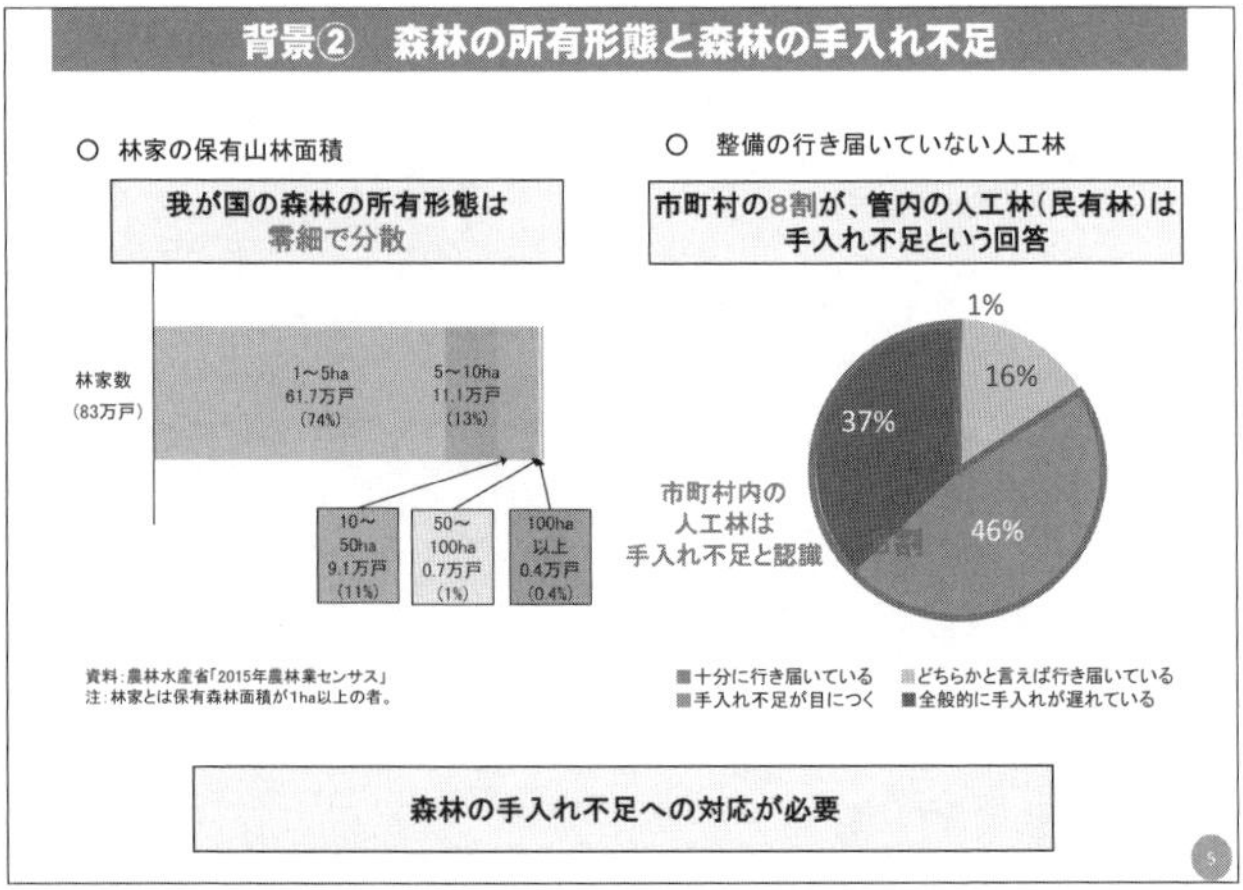


民有林の手入れ不足が調査でわかり、8割の市町村が管理不足という認識だった。「森林経営管理法（森林経営管理制度）について～林業の成長産業化と森林資源の適切な管理の両立に向けて～」令和2年4月（林野庁）より一部引用。

と管理されている山林を購入するほうがいい。間伐材を売却すれば利益を得られるし、計画的に木々を伐り出して建築用材として売却もできる。適正な管理をすることで山林の植生のバランスも保たれるため、保護する意義もある。

ではなぜ、森林経営管理制度が制定されたのか、その背景を簡単に説明しておこう。国内の森林資源は、「伐って、使って、植える」という森林を循環的に利用していく新たな時代に入った。

ところが、所有者の高齢化や林業の衰退によって森林への関心は薄れて放置されたままの山林（個人所有の民有林）が多くなっている。民有林の場合は所有者が管理に取り組まない限り、自然に任せたままである。森林組合へ管理を委託していればいいが、何もしない山主も多数いるといわれている。

そこで、森林の経営管理が行われていない森林を市町村が仲介役となり、森林所有者と民間事業者をつなぐことで適切な経営管理を行い、地域の活性化および森林の多面的機能の向上を図るのがこの制度の狙いである。

なお、民有林の管理が強制的に管理下におかれるのではなく、山林所有者の意向が尊重される。適正な森林管理が行われることで、地域の土砂災害等の発生リスクを低減し、地域住民の安全・安心につなげようと、この制度が設けられたのである。

## 山林の恵みの「保安林」は、厳しい制限で守られている

国内の森林を所有者の属性で分けると、国が保有する国有林、都道府県など自治体が所有する公有林、そして個人や企業等が所有する民有林になる。個人で山林を購入する場合は、基本的に民有林になる。所有者の属性とは関係なく、山林（森林）が持つ機能面で分類されているのが、「保安林」である。国内の森林面積の約5割が保安林で、保安林には保安林として指定する目的がある。林野庁は保安林を次のように定義している。

「保安林とは、水源の涵養、土砂の崩壊その他の災害の防備、生活環境の保全・形成等、特定の公益目的を達成するため、農林水産大臣又は都道府県知事によって指定される森林です。保安林では、それぞれの目的に沿った森林の機能を確保するため、立木の伐採や土地の形質の変更等が規制されます」

さて、保安林は目的に沿った森林機能を確保するために規制がかけられており、その目的によって17種類に分けられる。

簡単に説明すると、水源の涵養のための「水源かん養保安林」、土砂流出の防備のための「土砂流出防備保安林」、土砂崩壊の防備のための「土砂崩壊防備保安林」、飛砂の防備のための「飛砂防備保安林」、風害・水害・潮害・干害・雪害または霧害の防備のための「防風保安林」「水害防備保安林」「潮害防備保安林」「干害防備保安林」「防雪保安林」「防霧保安林」、雪崩または落石の危険防止のための「なだれ防止保安林」「落石防止保安林」、火災の防備のための「防火保安林」、魚つきのための「魚つき保安林」、航行の安全をはかるための「航行目標保安林」、公衆の保健のための「保健保安林」、名所または旧跡の風致の保存のための「風致保安林」になっている。

保安林の行為制限（規制）については様々な目的があるために、個人の都合で伐採や開発ができ

**国有林・民有林別延べ面積**　　2019年3月31日現在

| 保安林種別 | | 国有林 | 民有林 | 合計（単位：千ha） | 対全保安林比率（%） |
|---|---|---|---|---|---|
| 1号 | 水源かん養保安林 | 5,700 | 3,504 | 9,204 | 71.1 |
| 2号 | 土砂流出防備保安林 | 1,079 | 1,517 | 2,596 | 20 |
| 3号 | 土砂崩壊防備保安林 | 20 | 40 | 60 | 0.5 |
| 1～3号保安林計 | | 6,798 | 5,061 | 11,860 | 91.6 |
| 4号 | 飛砂防備保安林 | 4 | 12 | 16 | 0.1 |
| 5号 | 防風保安林 | 23 | 33 | 56 | 0.4 |
| | 水害防備保安林 | 0 | 1 | 1 | 0 |
| | 潮害防備保安林 | 5 | 9 | 14 | 0.1 |
| | 干害防備保安林 | 50 | 76 | 126 | 1 |
| | 防雪保安林 | 0 | 0 | 0 | 0 |
| | 防霧保安林 | 9 | 53 | 62 | 0.5 |
| 6号 | なだれ防止保安林 | 5 | 14 | 19 | 0.1 |
| | 落石防止保安林 | 0 | 2 | 2 | 0 |
| 7号 | 防火保安林 | 0 | 0 | 0 | 0 |
| 8号 | 魚つき保安林 | 8 | 52 | 60 | 0.5 |
| 9号 | 航行目標保安林 | 1 | 0 | 1 | 0 |
| 10号 | 保健保安林 | 359 | 345 | 704 | 5.4 |
| 11号 | 風致保安林 | 13 | 15 | 28 | 0.2 |
| 4号以下保安林計 | | 477 | 612 | 1,089 | 8.4 |
| 合計（延べ面積） | | 7,276 | 5,673 | 12,949 | 100 |
| 保安林実面積 | | 6,918 | 5,280 | 12,197 | 100 |
| 全保安林面積に対する比率 | | 56.7 | 43.3 | 100 | |
| 全国森林面積に対する比率 | | 27.6 | 21.1 | 48.7 | |
| 所有別面積に対する比率 | | 90.3 | 30.4 | | |
| 国土面積に対する比率 | | 18.3 | 14 | 32.3 | |

注 1: 兼種指定（同一箇所で２種類以上の保安林種に指定）されている保安林については、それぞれの種別にとりまとめた。
注 2:「保安林実面積」とは、兼種指定されている場合に、重複を除いた面積を算出したものである。
注 3: 全国森林面積については、林野庁計画課調べによる平成 29 年 3 月 31 日現在の数値を使用した。
注 4: 国土面積については、国土交通省国土地理院による平成 29 年 10 月 1 日現在の数値を使用した。
注 5: 単位未満四捨五入のため、計と内訳は必ずしも一致しない。
※林野庁の資料を元に筆者作成

多面的機能を持つ保安林の種別によって機能を分類した一覧。水源かん養保安林、土砂流出防備保安林、土砂崩壊防備保安林の３つの種別が最も多いことがわかる。

ないことは理解できるだろう。保安林に分類される山林で立木の伐採をしたい場合は、都道府県知事の許可、または届け出が必要になる。面積あたりの伐採上限などが保安林ごとに決められているため、個人所有の山林でも規制に従うしかない。

要するに保安林になれば一部の伐採だけでなく択伐や間伐も許可もしくは届け出が必要になるのである。

林野庁の説明では、次のようにまとめている。

(1) 立木の伐採：都道府県知事の許可が必要。(森林法第34条第1項)

【許可要件】伐採の方法が、指定施業要件(注)に適合するものであり、かつ、指定施業要件に定める伐採の限度を超えないこと(間伐及び人工林の択伐の場合は、知事への届出が必要)。

(2) 土地の形質の変更：都道府県知事の許可が必要。(森林法第34条第2項)

【許可要件】保安林の指定目的の達成に支障を及ぼさないこと。

(3) 伐採跡地へは指定施業要件に従って植栽をしなければならない。

(注) 指定施業要件

保安林の指定目的を達成するため、個々の保安林の立地条件等に応じて、立木の伐採方法及び限度、並びに伐採後に必要となる植栽の方法、期間及び樹種が定められる。

保安林の種類別面積（延べ面積1295万ha）

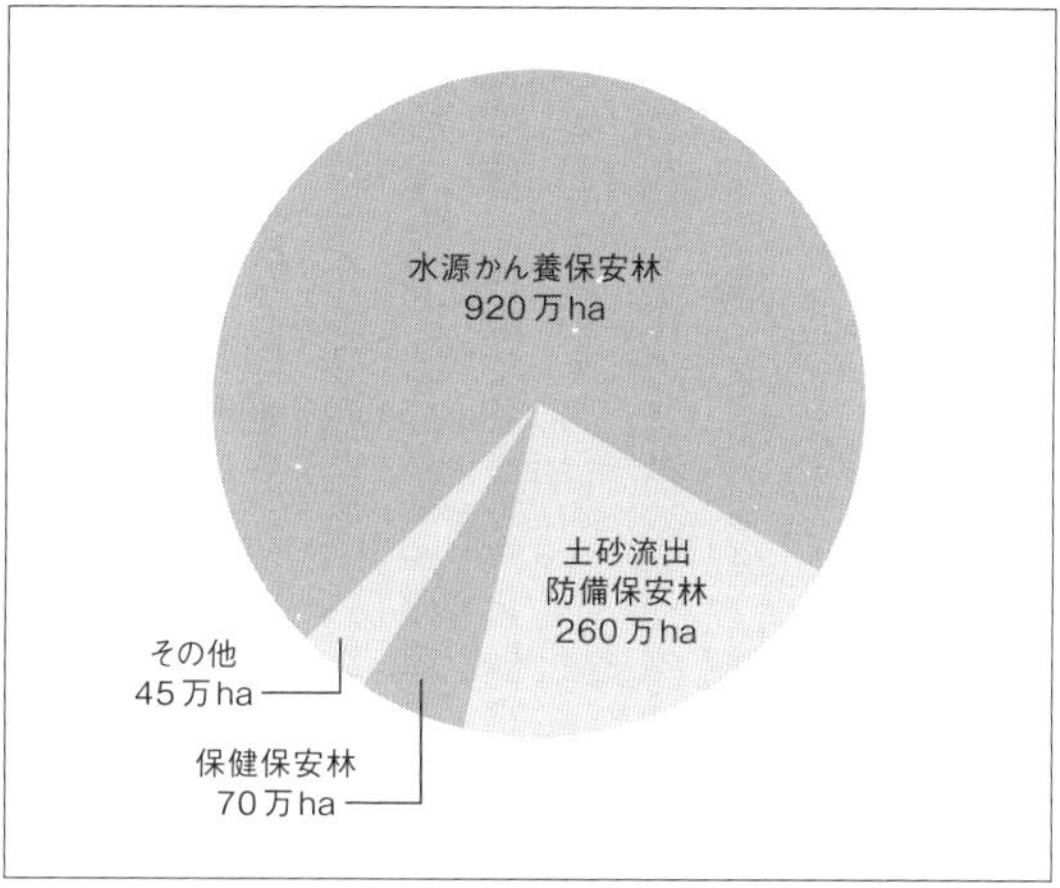


林野庁業務資料
注：単位未満四捨五入のため、計と内訳は必ずしも一致しない

「保安林」の種類別面積（平成30年3月31日現在）林野庁のウェブサイトより一部引用。

保安林には制限や規制がかかるため、「立木の伐採制限」「土地形質の変更制限」「伐採後の植栽義務」が発生し、違反した場合は森林法に基づく処罰の対象となる。

ひとつ目の保安林内の立木の伐採や立竹の伐採など、立木の伐採制限はわかりやすいだろう。許可なく伐採してはいけないのである。

ふたつ目の土地形質の変更制限というのは、簡単に言えば立木を傷つけたり、家畜を放牧したり、下草や落葉、落ちた枝の採取をしないことになる。保安林内の石や土の掘り返し、樹根の採掘もしてはいけない行為になる。

もちろん、開墾にしても土地の形質を変更する行為になるため制限されている（森林法第34条第1項及び第2項）。

要するに手厚く保護されているのである。このため保安林に指定されている山林の所有者には、固定資産税や不動産取得税がかからず、税金面での優遇措置が取られている。これに関しては税金のところでも説明した。また、遺産相続や贈与の場合にも大きな控除が受けられる。

山林の持つ機能を守るために様々な制限が設けられる保安林だけに、山林購入の際は、利用目的とともに、保安林を含む山林を買うのか、それとも保安林を避けるのか、それぞれのメリットを比べてから購入を決めてはいかがだろうか。

コラム

## 【山時間を満喫する～焚き火・森林浴～】

キャンプの楽しみは、人それぞれで、自然の中で過ごしてリラックスしたい人もいれば、キャンプ飯を楽しみにメニューを工夫しているキャンパーもいる。アウトドアでの過ごし方の中でも、「焚き火」をキャンプの醍醐味に挙げる人は多い。

焚き火は人間を惹きつけるものがあり、燃える火をじっと眺めているだけでいいという。夕方から夜にかけて、焚き火を前に暖をとりつつ、コーヒーやお酒を飲んで薪のはじける音を耳にして過ごすのは至福の時間に違いない。

焚き火の魅力や効用について、経験したことのない人にいくら熱く語っても伝わらないが、実際に焚き火をしてみれば、その楽しみや癒やの感覚はすぐに実感できるだろう。

焚き火の効用のひとつに、「精神的安定」をもたらすことがよく挙げられる。癒やし効果とも言われ、その原因は「1／f」ゆらぎと関係が深いとされている。心臓の拍動は生体リズムのひとつで、クォーツ時計のように厳格な規則性とは違って一拍ごとにわずかに早くなったり遅くなったりする。これがゆらぎの関係にあたるとされている。快適性に関しても1／fゆらぎをしている場合は心地よく、ゆらぎが感じられない場合は不快となる。

キャンプで焚き火に惹かれるのは、1／fゆらぎがあるからで、これが均一なパワーで燃え続けるガスレンジ台の火であれば眺め続けることに苦痛を感じるだろう。

山林の中には、五感に訴えてくるゆらぎがありそうだ。学術論文を調べると、様々な研究分野から1／fゆらぎや森林、リラックス効果、ストレス軽減に関する研究が進められていることがわかる。

ソロキャンプをしたいから山林の購入を考えている人にとって山の魅力は、景観としての美しさや山林の中で過ごす開放感や快適さを享受することが、無意識のうちに強い動機になっている。都市生活の中で現代人が抱える大きなストレスの解消のためだとも受け取れる。もちろん、純粋に山が好きで自然に親しみを持っているのだろうが、そうした楽しみは、山林を購入しなくても味わうことはできる。森林の多い日本では、至るところで森林浴もできるし、森林浴のための散策コースやレクリエーションとして森林アスレチックやトレイルランニングコースなども整備されている。

中でも森林浴は、山林を散策するだけでリラクゼーション効果が見込まれ、欧米では日常的に親しまれている。日本では健康医学の観点からも研究されており、その効用が認められている。

例えば、ストレスの発散やリフレッシュ効果があり、内省や癒やし効果がもたらされる森林浴に関する研究論文も発表されている。もしも森林浴も満喫したいのであれば、「植生の多様性」「歩きやすさ」「眺望・景観の美しさ」の3要素を備えた山林を探してみるといいだろう。

さて、ここでに山林で過ごす時間に触れておきたい。時間の流れは「山では早く、低地では遅い」という話である。この説明を聞いて、ピンときた方は、物理学者カルロ・ロヴェッリ著『時間は存在しない』（ＮＨＫ出版）を思い出したかもしれない。関心のある人はぜひ一読されるといい。

ところで、私たちが時間に関して知っていることは、1日を24時間で計ったり、過去、現在、未来と流れる時間軸だったりする程度で、相対性理論を理解していなくても不自由なく暮らせる。

物理学的に時間は存在しないと言われても、私たちは時間を感じていると思っているし、時間が存在することを信じている。明日もあさってもくると信じているから、一カ月先の約束だって交わすのである。

私たちがふだん感じているのは、感覚的な「時間」だ。時間の流れを捉えるとき、一本の直線をイメージするとわかりやすいだろう。直線の真ん中に打った点が現時点だとすれば、その右側はこれから訪れる未来にあたり、逆に左は過去になる。ところが、私たちは常に現時点にしか生きていない。過去、現在、未来を俯瞰して生きているわけでもない。一瞬一瞬は現在しかなく、未来は現在になり、すぐ過去になる。現在の連続しかないのである。

まるで謎かけのようだが、人間の身体は約60兆個の細胞で構成され、5～7年で細胞は入れ替わる。にもかかわらず、自分が自分であることを疑いもしていない。例えば5年前の自分といまの自分が、何をもって同じだと信じているのだろうか。細胞が入れ替わるときに以前の記憶をコピペでもしているのだろうか。以前の自分といま自分の間に何か説明できない連続性を感じるから過去と現在の時間差を捉えることができるような気がするが、これとて脳が作り出した錯覚なのかもしれないのである。

ここでこの話を持ち出したのは、山で過ごす時間と関連すると思ったからだ。山林の魅力や楽しみを取材していたときに、山で過ごす時間が特別だという話を何人からも聞いていた。何に魅力を感じるかは、各人の好みだと言えばそれまでだが、「山の時間」が魅力なのだとすれば、そこに集約される様々なものを明らかにすることで山の楽しみはいっそう広がるだろう。

山を眺めても登っても内省的になれる、そこに山の魅力があるようにも思う。焚き火に感じるような1／fゆらぎが、山そのものにも感じられるからだろうか。言葉ではなく、感覚で捉える風の冷たさや、木の柔らかさ、木漏れ日の温かさから、生きている実感をすることに惹かれて山に向かい合っているような気もする。

時間は存在しないという話からずれてしまったが、山に入ると日常から非日常に没入した感覚になるのは私だけではないだろう。夏目漱石の『草枕』は、「山路を歩きながら、こう考えた」という書き出しで始まるが、私は山を登っている最中は何も考えていない。時間の存在も忘れている。ふと気づけば、高度を500メートルかせいでおり、時計が60分進んでいただけという具合だ。ひたすら登ることに全集中し、「山の呼吸」を実践しているのかもしれない。

さて、山林を買いたい人たちの30代から40代の多くがキャンプ目的だという。女性で山林を買い求めようとする人は、森林浴や癒やしを求める傾向にあり、今後の山林の活用は変わっていきそうである。山林に親しむ人たちが増えれば、荒れた山林の整備や管理の見直しも進むだろうし、治山事業の観点からもメリットはありそうだ。そうなれば、山林を持つ意味も広がる。

こうして林業の再生や復興以外の観点から、山林の利用や活用に新たな可能性を見いだすこともできる。共感できる山林体験の提案やプログラムを共有することで、荒れた山林の環境を変えようという人たちは増えていくだろう。ＳＤＧｓで持続可能な社会を目指すのであれば、従来の林業再生以外の取り組みを大きく変えていく必要がありそうだ。実際に林業に関心のない人たちが山林を買っているのである。この新たなニーズによって、いままで知られていなかった山林の多様な魅力を引き出せれば、美しい緑の国土が見えてきそうだ。そんな明るい未来を期待するばかりである。

# 第4章

# 山林を取り巻く世界の現状

## 日本の山林が抱える課題は

第4章では、山林を取り巻く動向に着目して、いま日本の中でどういう課題があるのかについて、取り上げてみよう。すでに山林を所有している人やこれから山林を購入する人も、豊かな資源である山林について詳しく知ることで、多面的な活用法や可能性を探ることができるだろう。

日本国土の約7割が山林になる。そこから多くのものを我々は享受してきた。

例えば、国土の保全から山の幸である食料をはじめ清水、さらに多様な樹木から建築用材、清爽な空気、森林浴や登山、キャンプなどのレクリエーションまで、我々の生活環境を支えているのが山林である。これらの一部を貨幣換算すると、1年間でおよそ70兆円にも及ぶとの試算がある。驚くべき価値が森林にはあるのだ。そういう意味で、もっと俯瞰的に山林（森林）と向き合って考えてみる必要もあるだろう。

なお、本書でいう「山林」は、森林から広い原野までを含む。一般的には森林とほぼ同じ意味で使われるが、不動産などの売買では地目を表記するため、山林を使う（地目には「森林」がないため）。しかし、農林水産省は森林法（第1章第2条）で「木竹が集団して生育している土地及びその土地の上にある立木竹」ならびに「木竹の集団的な生育に供される土地」と規定しているので、

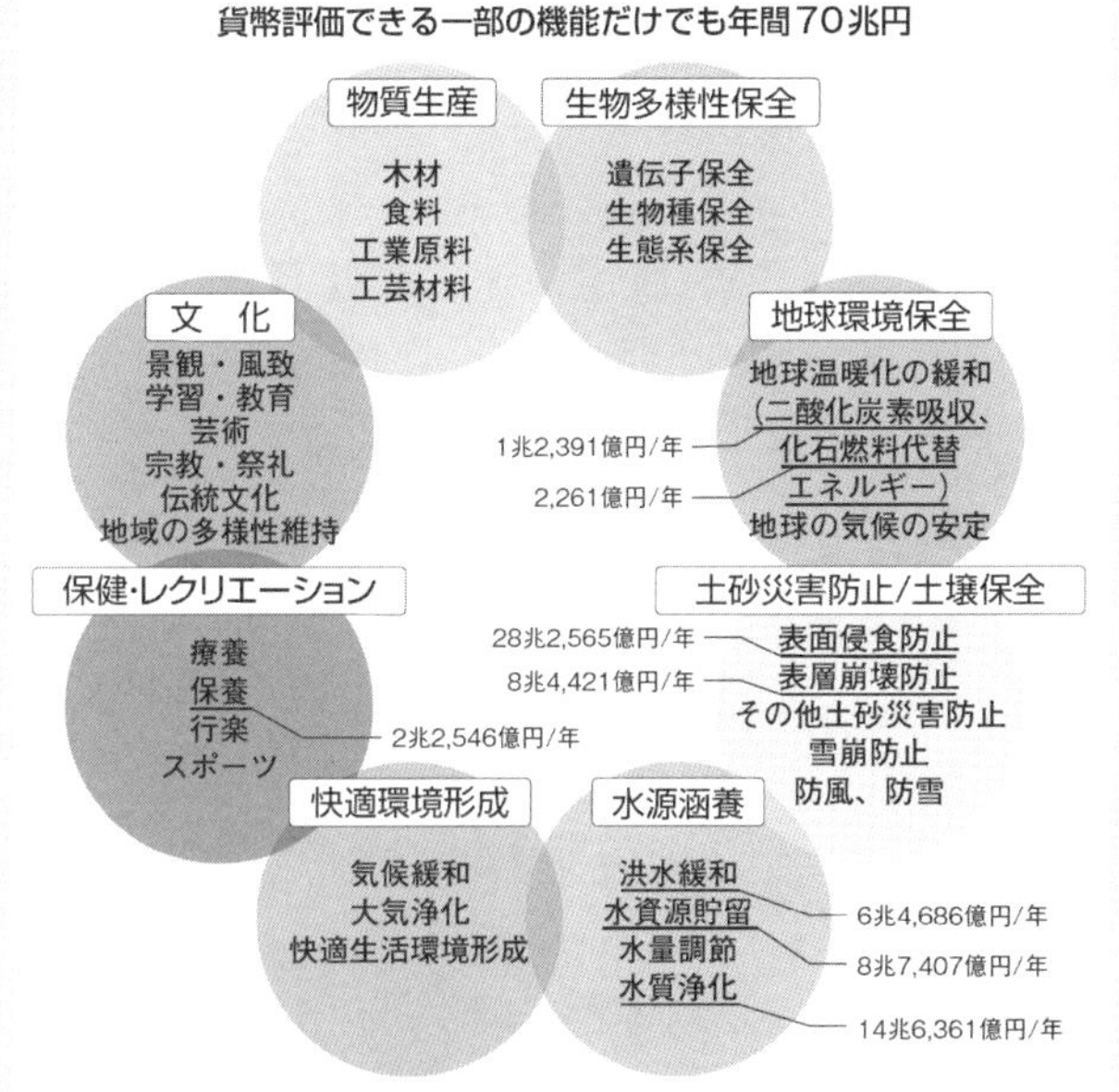


注１：貨幣評価額は、機能によって評価方法が異なっている。また、評価されている機能は、多面的機能全体のうち一部の機能にすぎない。
２：いずれの評価方法も、「森林がないと仮定した場合と現存する森林を比較する」など一定の仮定の範囲においての数字であり、少なくともこの程度には見積もられるといった試算の範疇を出ない数字であるなど、その適用に当たっては細心の注意が必要である。
３：物質生産機能については、物質を森林生態系から取り出す必要があり、一時的にせよ環境保全機能等を損なうおそれがあることから、答申では評価されていない。
４：貨幣評価額は、評価時の貨幣価値による表記である。
５：国内の森林について評価している。
資料：日本学術会議答申「地球環境・人間生活にかかわる農業及び森林の多面的な機能の評価について」及び同関連付属資料(平成13(2001)年11月)

出典：「森林の有する多面的機能と森林整備の必要性」（令和２年８月）林野庁より一部引用

森林の多面的な機能は、水源涵養機能をはじめ山地災害防止や土壌保全機能などがあり、貨幣価値に置き換えると、一部の機能だけでも年間70兆円換算になる。

## 我が国の森林の循環利用と SDGs との関係

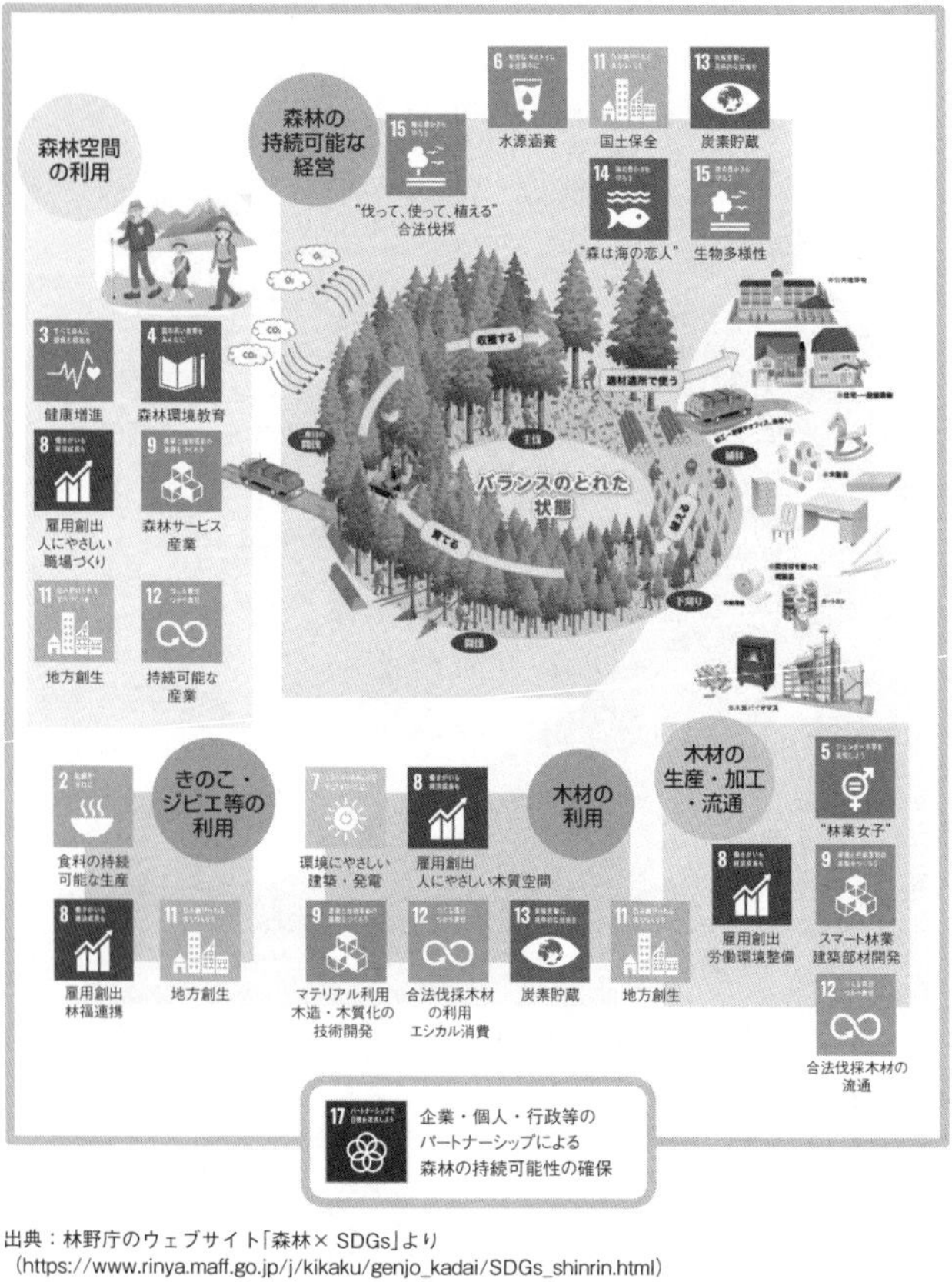


出典：林野庁のウェブサイト「森林× SDGs」より
（https://www.rinya.maff.go.jp/j/kikaku/genjo_kadai/SDGs_shinrin.html）

森林と「SDGs」の関係は深く、水源の涵養、地球温暖化防止をはじめ、様々な目標、ゴールと関わっていることがわかる。森林の環境整備を行うことで、生物多様性保全機能から木材の生産や国土保全まで、多面的機能を発揮する。

以後、森林という場合は、これに準じることにする。
さて、日本の山林が抱えている課題には次のようなものが考えられる。

・ＳＤＧｓにつながる森林づくり
・森林資源の利用と取り組み
・可能性を広げる森林利用
・地球温暖化対策と森林の役割（カーボン・オフセット）
・森林被害（野生鳥獣被害）対策をどうするか

林業経営の関係者であれば、もっと林業に関する動向や課題にも関心があるだろうが、ここでは専門的になるため省く。

では、右に挙げた課題をみていこう。

## 森林と「ＳＤＧｓ」の関わり

最近、しきりに持続可能な開発目標として叫ばれ、関心が高まる「ＳＤＧｓ（エスディージーズ）」。17の目標が掲げられ、その下に１６９のターゲットがある。企業や学校でもＳＤＧｓを語り始めているが、念のためどういう目標なのかを確認しておこう。

経済産業の発展とともに、世界の自然環境は大きな負荷を受けてきた。その結果、急速な気象変動が起こり、地球温暖化による自然災害の急増などが社会問題となっている。こうした背景のもと、２０１５年9月の国連サミットで、国際社会の共通目標として「持続可能な開発のためのアジェンダ」が採択された。そこで示されたのが「ＳＤＧｓ（エスディージーズ＝Sustainable Development Goals)」である。

すでにご存じの方も多いだろうが、ここで17の目標を見ておく。

- 目標1　貧困をなくそう
- 目標2　飢餓をゼロに
- 目標3　すべての人に健康と福祉を

・目標4　質の高い教育をみんなに
・目標5　ジェンダー平等を実現しよう
・目標6　安全な水とトイレを世界中に
・目標7　エネルギーをみんなにそしてクリーンに
・目標8　働きがいも経済成長も
・目標9　産業と技術革新の基盤をつくろう
・目標10　人や国の不平等をなくそう
・目標11　住み続けられるまちづくりを
・目標12　つくる責任つかう責任
・目標13　気候変動に具体的な対策を
・目標14　海の豊かさを守ろう
・目標15　陸の豊かさも守ろう
・目標16　平和と公正をすべての人に
・目標17　パートナーシップで目標を達成しよう

これらも目標は世界が直面する課題を、社会、経済、環境の3つの側面から捉えて掲げている。

この中でも森林に関わる目標は、まず目標6の「安全な水とトレイを世界中に」であり、目標13の「気候変動に具体的な対策を」になるだろう。第1章でも触れたが、二十一世紀は水戦争の時代で、世界中で安全で衛生的な水が手に入らない地域や国がある。ユニセフの報告によれば「今なお、6億6300万人々が安全な水を手に入れられない」という現状を広く訴えている。アフリカでは浄水処理をしない水を飲んで、年間30万人が下痢などの原因で落命する状況に置かれたままなのだ。

森林は水源の涵養機能によって安全できれいな水を供給してくれるが、それと同じくらい気候変動に対しても機能を発揮する。いま世界中で地球温暖化が問題視され、その原因とされる温室効果ガスを吸収して削減する機能が森林には備わっている。植物は太陽の光を浴びて光合成をする（光合成細菌や最近やミドリムシなども光合成を行う）。つまり光合成の過程で、水と空気中の二酸化炭素を取り入れて酸素を放出するのである。森林は、温室効果ガスを酸素へ変換する魔法のようなエネルギー転換を行う。森林が温室効果ガスを吸収して削減しても、経済活動による温室効果ガスの発生量とスピードを制御しなければ、当たり前のことだが森林の機能は効果を出せないのである。そのために先進国を中心に温室効果ガスの削減目標を定め、各国が独自に取り組んでいる。

日本の取り組みとその成果はどうなのだろうか？　経済産業省の最近の資料では、日本は5年連続で削減を続けている（「地球温暖化対策と環境ファイナンス状況について」２０２０年2月17日付／経済産業省）。削減成果は別として、目標に対する達成努力は評価できるだろう。ただし、日

**（1）地球温暖化の現状④ ～ 主要先進国の排出量の推移**

● 主要先進国では着実に排出量が減少。我が国も5年連続で排出削減を実現している。

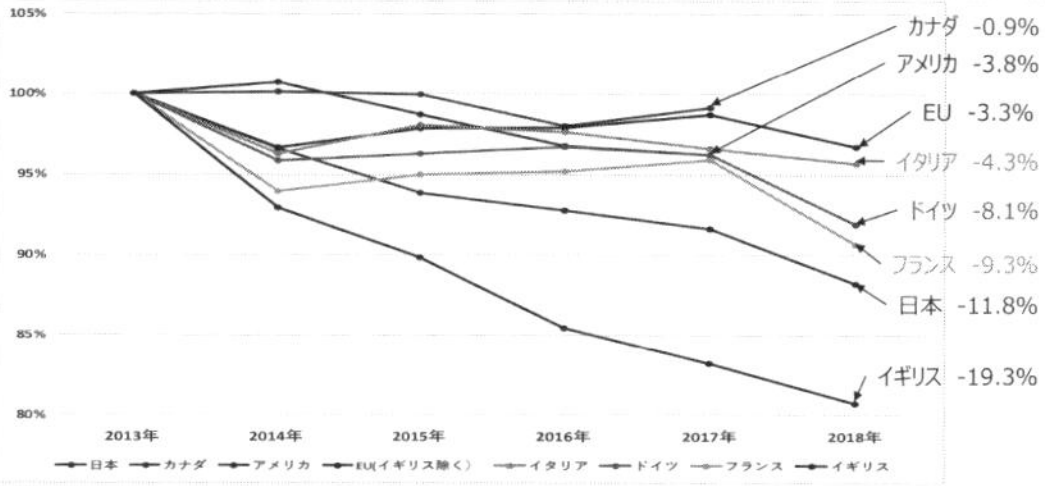


| | 2013年【億トン】 | 2014年【億トン】 | 2015年【億トン】 | 2016年【億トン】 | 2017年【億トン】 | 2018年【億トン】 | 2030年【億トン】 | 削減率[%]（2013→2018） |
|---|---|---|---|---|---|---|---|---|
| 日本 | 14.1 | 13.6 | 13.2 | 13.1 | 12.9 | 12.4 | 10.4 | 11.8% |
| カナダ | 7.2 | 7.2 | 7.2 | 7.1 | 7.2 | – | | 0.9% |
| アメリカ | 67.1 | 67.6 | 66.2 | 64.9 | 64.6 | – | | 3.8% |
| EU | 39.0 | 37.7 | 38.2 | 38.2 | 38.5 | 37.7 | | 3.3% |
| イタリア | 4.4 | 4.3 | 4.3 | 4.3 | 4.3 | 4.2 | | 4.3% |
| ドイツ | 9.4 | 9.0 | 9.1 | 9.1 | 9.1 | 8.7 | | 8.1% |
| フランス | 4.9 | 4.6 | 4.7 | 4.7 | 4.7 | 4.5 | | 9.3% |
| イギリス | 5.7 | 5.3 | 5.1 | 4.9 | 4.7 | 4.6 | | 19.3% |

・日本、EUのGHG排出量は間接CO2を含む
・アメリカ、カナダの2018年値は未公表

<出典> Greenhouse Gas Inventory Data (UNFCCC) . The EEA's annual report on EU approximated GHG inventory for 2018 (EEA) を基に作成

出典：「地球温暖化対策と環境ファイナンス状況について」2020年2月17日付（経済産業省）より一部引用

先進主要国の温室効果ガス(GHG)の排出量の削減は、各国によって異なるが日本は5年連続で目標を達成していることがわかる。

本が目標を達成し続けても世界各国の足並みが揃わなければ、地球温室効果ガスの削減に励んでも意味がなくなる。

菅内閣が誕生する2020年9月まで、日本の気候変動問題に対する取り組みの基本的な考えは、次のようなものだった。

・日本は2030年度に26パーセントの削減を達し、2050年までに80パーセントの削減を目指す。

①省エネ、②エネルギーの低炭素化、③利用エネルギーの転換（電化、水素等）

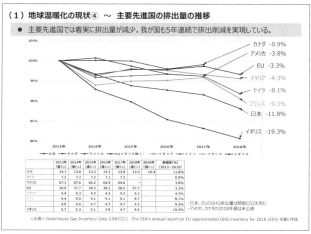

ところが、2020年9月16日に菅内閣が発足し、所信表明で温室効果ガス排出量を2050年までに実質ゼロとする目標の「2050年カーボンニュートラル」宣言をしたのである。安倍内閣では2050年までに80パーセントの削減を目標にしていたが、政治的な計算もあってゼロにすると宣言してしまった。

これは非常にインパクトの強い発言だったが、実現できるはずのないことを簡単に口にする政治家特有のパフォーマンスではないだろうか。温室効果ガス排出量を減らすには、産業経済界の協力なしには進まないのである。政治や経済産業界の道具として、環境問題が扱われることにずっと違和感を感じるのは私だけではないだろう。

菅首相が嘘つきと言われかねない大胆な宣言をした背景には、世界中の機関投資家がESG投資へ軸足を置き始めたからである。ESG投資とは、「環境（Environment）・社会（Social）・ガバナンス（Governance）」の要素と財務状況を考慮した投資を指しており、3つの要素の頭文字を取って使うケースが多い。ESG投資とは早い話が、これから投資をしようとする企業先が環境問題に取り組んでいるかを投資先選定の材料にするのである。自社の利益だけを追究して、社会還元を少しもしない企業には未来がないとして投資はしないのだ。これに関しては、次の項目で企業が取り組む森林の環境保全活動でも触れることにする。

経済産業省が昨年末にまとめた「2050年カーボンニュートラルに伴うグリーン成長戦略」

（令和2年12月）によれば、温暖化への対応を成長の機会として捉えるとし、「経済と環境の好循環」を作っていく産業政策をグリーン成長戦略と位置づけている。その中で成長が期待できる14分野の産業に目標を設定して進めるという。特に電力部門の脱炭素化が重要とし、再生エネルギー、水素発電、火力発電（必要最小限で、カーボンリサイクル。燃料アンモニア産業の創出）、原子力発電（最大限活用し、次世代炉の開発）を戦略に置いている。そしてそのグリーン成長戦略を支えるのは、デジタルインフラなのである。

カーボンニュートラル宣言は、環境問題解決よりも先ほど説明したＥＳＧ投資の資金が目当てであるようだ。経済が回れば、政治課題はすべて解決できると疑わないのだろう。現政権はコロナ禍でGo toトラベルキャンペーンやGo toイートキャンペーンを実施したように、どこまでも経済優先でしか物事を考えない。だから、２０５０年カーボンニュートラルの実現のイメージも非常に雑な印象しかない。炭素除去を担うのは「植林」と「ＤＡＣＣＳ（=Direct Air Capture with Carbon Storage/炭素直接空気回収・貯留）」だとしている。二酸化炭素の除去技術としてＤＡＣＣＳはまだコストがかかり、ビジネスとして成り立たない段階だ。そうなれば、植林に頼るしかないわけだが、どれだけの植林をどこにするのか、またこれから植林してもそれらを育成するのに何十年かかるのか。ＤＡＣＣＳの技術革新と植林した森林が生育する未来へ託すしかない。先送りのやり方にしか見えず、少しも期待もできないのである。

ところで、投資資金を集めたい企業は、投資家が望む環境問題の活動に取り組む。ＥＳＧ投資がすすめば、企業は環境配慮への努力をするだろう。その結果として、例えば森林が環境整備されることになるかもしれないが、本当の意味で環境問題に正面から取り組む政治家や企業がいるようには思えない。お金儲けになれば、温室効果ガスの削減に懸命に取り組むが、そうでなければやりたくないように感じられる。だから環境問題の扱いに多くの人が違和感を抱くのではないか。

再生エネルギーの普及や水素社会への取り組みに関しても環境配慮ができるとわかっていながら、既得権益が阻んで進展しない事情がある。そうした後ろ向きの姿勢が見え隠れして、違和感を感じるのだ。

ここは環境問題を議論する場ではないので、これ以上は踏み込まないが、森林の環境を守るには面積の一番広い私有林をどう管理、整備していくかが鍵になるだろう。経産省がいうカーボンニュートラルに伴うグリーン成長戦略に寄り添うとすれば、植林をどう増やすのか、また、生長した森林をどう管理、伐採していくかを推し進める必要がある。

日本の森林はおよそ２５００万ヘクタールあり、国土の面積の約70パーセントにあたる。その内訳は国有林が31パーセント（約７７０万ヘクタール）、民有林が11パーセント（約２８３万ヘクタール）、私有林が58パーセント（約１４５８万ヘクタール）で最も広い。グリーン成長戦略には個人の山主ひとりひとりのちょっとした意識改革と協力が欠かせない。地方公共団体が所有する公

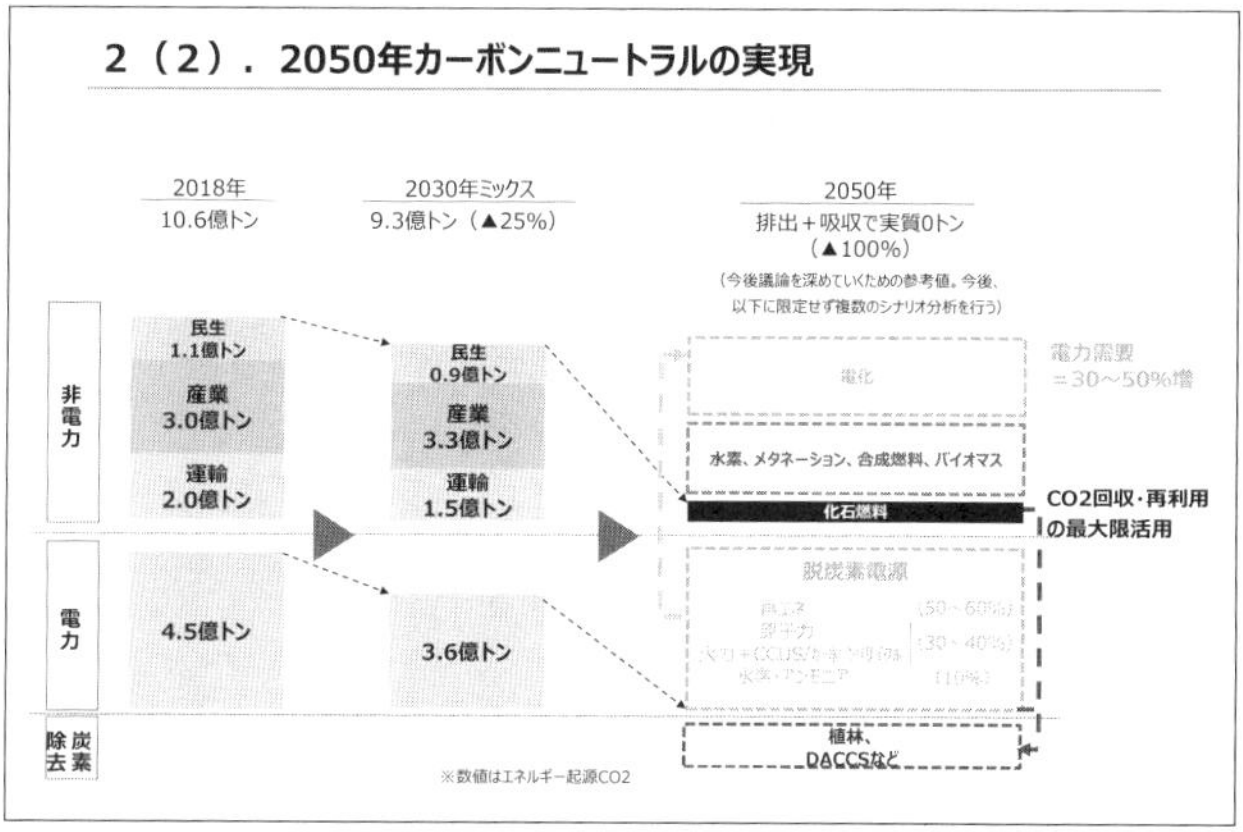


出典：「2050 年カーボンニュートラルに伴うグリーン成長戦略」（令和２年 12 月）経済産業省

カーボンニュートラルを実現するために、非電化と電化の部分で二酸化炭素回収を大幅に行うことを目指している。そのための省電力化が課題で、植林やDACCS に対する戦略はこれからという印象である。

有林まで含めれば約69パーセントの森林を活用して、植林が必要なところには適宜実施し、伐採した立木を高値で売却できる取り組みを進めるのが理想だろう。つまり人工林の循環利用を高める取り組みになる。これまでも森の循環利用を政策課題として掲げていたが、実行されているようには感じられない。木材利用の拡大や「J－クレジット」におけるバイオ炭の農地施用の方法論を策定など、耳障りのいい文書が並ぶ。官僚が作成する文書類はプレゼン用によく練られていて素晴らしいと思う反面、スピード感をもって政策課題をいつまでに実現させるのか具体的に示されていないために物足りなさは否めない。それを実行させるのが政治の力なのだろう。そうなると、やはり国会には残念な政治家しかいないことになる。それはさておき、J－クレジットの活用に関しても順調とは言いがたく、温室効果ガスの吸収削減において森林があまり活用されていない現状が見えてくる（なお、J－クレジットに関しては、後ほど別項目で取り上げることにする）。

森の循環利用の話に戻そう。林業においては、国産の木材の利用が減り、木を育てて売買してもコストが見合わない事情が長らく続いている。そのため、山主が管理しようと思っても費用面で森林組合などに管理を委託できない場合もある。また、山を相続した人たちの中には管理に無関心で、厄介な資産を押しつけられたと考える人もいるため、森の循環利用に耳を傾けないだろう。

国民のひとりひとりが森と向き合う機会をつくり、森林に対する意識を変えていかない限り、森の循環利用は滞る。そのためには、山に関心を持って山主になった人たちへ森林活用に参画してもらうことが循環利用への近道になりそうだ。

繰り返しになるが、森林は温室効果ガスの二酸化炭素を吸収し削減してくれる。SDGsの目標である気候変動に対しては、その原因とされる温室効果ガスを吸収して削減する機能を果たすというわけだ。陸の豊かさを守るのも森林の機能で、生物の多様性をはじめ、森林空間の利用が健康増進や地方創生にもつながることになる。

木材の利用は、植林から育林、伐採という健全な森林の循環サイクルを維持するとともに木材利用による生産や雇用創出を促すことにも結びつく。

森林はSDGsとの関連が強いことが、改めて理解いただけただろう。サステナブルな（持続可能な）社会にするためには、健全で多面的な機能を持つ森林づくりに山林の所有者も積極的に取り組んでいく時代が到来しているのである。

## 多様化する森林と現代人のライフスタイルの変化

ここでは森林との関わり方が多様化している現状を取り上げる。その上で、そうした森林が現代人の暮らしの中でどのように活かされ、可能性が広がっているかを見てみたい。普段の暮らしの中で森林を意識することは少ないだろう。水源涵養の役割があると聞けば、清流や天然水のイメージは強い。しかし、それだけではない。最近では企業が森林づくりに関わっている。

例えば、サントリーは天然水を商品化しビールまで天然水で仕込む一方、その水源の元となる1万2000ヘクタールの森林を水源の森として守っている。

また、森を守れば、海洋環境がきれいになり、豊かな海をつくるとして、「森は海の恋人」を合言葉に、漁業者自らが山に登り木を植える「漁民の森づくり活動」が全国の漁業協同組合によって展開されている。以前、取材したことがある島根県の「漁業協同組合ＪＦしまね」では、２００１（平成13）年から浜田地区、西ノ島地区、２００３年から大社地区、大田地区において、直接実施する植樹活動を展開している。しかも植樹後、苗木が一人前となるまでの植樹地周辺の下草刈りや伐採など「育樹」まで取り組んでいるのである。さらに、森と川をつなぐ環境保全運動の一環として、生産と生活の場である川や海を公害から守るために、自然環境に優しい原料で作られた石けん洗剤の使用の普及活動も併せて行っている。

水源の森を守るという観点では、全国の水道局も独自の取り組みを進めている。宮城県仙台市は、官民連携による水源保全事業として、「青下の杜プロジェクト」を立ち上げた。これは、仙台市の水道水源のひとつである青葉区熊ケ根の青下水源地において、仙台市が保有する水源涵養林の保全育成に取り組むもの。プロジェクトに参画する企業は一定の寄付をして水源涵養林を守るという社会貢献を果たしている。多くの企業にとって環境保全活動を独自展開するのは難しいため、こうしたプロジェクトが増えることで、中小企業も積極的に参加しやすくなるだろう。

例えば、青下の杜プロジェクトの話を聞いて、すぐに手を挙げたという大成機工株式会社は管路メンテナンスのトータルコーディネイトカンパニーで、水道局ともつながりがある。「せっかくの機会ですし、きれいな水を守り、供給する上では大いに関わりがありますので協力させていただきました」と矢野隆司会長は答えてくれた。実は、創業者の祖父が学生時代に仙台に住んでいたという縁もあるらしい。小さなきっかけで様々な企業が環境保全プロジェクトに参画していくことで、森林は守られるのである。このように森林保全の大切さを啓蒙していくことで多くの企業も森の重要性を認識していくのは間違いない。

森林資源の循環サイクルを考えながら利用することも、健全な森林づくりには重要だ。木材は建築用材のほか、紙にもなる天然資源で、例えばプラスティックの代替材料として使われるなど、強度のある新素材の開発も進んでいる。

すでに広く知られているがコーヒーのチェーン店で紙ストローが採用されたり、住宅メーカーが間伐材を原料とした木のストローを生産したりして話題になっている。

大手ファストフードチェーンでは、新規出店や改装時には木造建築にすることや、外装に木材の利用をすることを決定しており、民間企業の間でも木材が見直されている。

また、公共施設の建物などは、2010（平成22）年10月に施行された「公共建築物等における木材の利用の促進に関する法律」によって、積極的に木材が使われるようになっている。

例えば、2020年東京オリンピックのメインスタジアムとして建設された国立競技場やJR山手線の新駅「高輪ゲートウェイ」駅の駅舎にも木材が多用されており、温かみと優美な空間を創出している。

こうした動きは全国に広がり、埼玉県東秩父村では、国重要無形文化遺産に指定された「手漉き和紙技術」により製紙された「細川紙」と、地元で産出した木材を組み合わせ、モダンなバスターミナルが整備されて注目を集めている。

木材の活用は、医療や福祉施設の建築物を中心に、小中学校の校舎にも取り入れられるようになってきている。これは、手触りや外観などから、木の柔らかさや温もりを素材から感じてもらおうという狙いもある。

ふと気づけば暮らしの中で、木の活用が見直され、様々な形で利用されるようになっている。現代人の暮らしは、森林の恵みに支えられていると言ってもいいのである。

## 新時代の森林利用の可能性

これまで、森林は登山やハイキングのアウトドアレジャーや観光や森林浴による健康、教育を目的として利用されてきた一面を持つ。しかし、レジャーの多様化もあり、森林内でのアスレチックやツリーハウスの設置によって、森林内の楽しみが広がっている。森林浴の散策コースの設置以外に、トレイルランニングコースを整備し、地域活性化を図る取り組みも進んでいる。

例えば、熊本県八代市で開催される「やっちろドラゴントレイル」は、地域振興や自然保護を掲げた市民団体の企画で始まったトレイルラインニングで、毎年開催を重ねるほどに県内外からの参加者も増えている（2020年は豪雨災害により中止）。このイベントは、「竜」にまつわる地名や伝承も多い地元の竜にちなんだ山（八竜山・竜峰山・竜ヶ峰）を巡る起伏のあるコースで、全長約60キロメートル。九州の名物レースに育てようと市民の有志たちが集まって取り組んでいる。大会関係者の上村美鈴さんがレース開催にちなんだ山の話をしてくれた。

「もともと近隣の山が荒れて獣道しかないような状態だったんですが、山を走りたい人たちの力を借りて山道を整備することも出来たので、イベントを開催しようとなりました。やはり山に人が入らないと、野生動物が繁殖します。このあたりでは鹿もたくさん出てきますし鹿の食害も多くなって被害は広がる一方です。トレイルランをすることで山道も踏み固められ、少しでも山の管理がすすめばいいなと思っています。このイベントを通して山の保全活動につながるのが願いのひとつですね」。必要な間伐がされていなかったり、植林もせずに山崩れのおそれがあるところもあり、問題は多いと上村さんは指摘する。山の所有者ではないため、森林保全に関われることには限界がある。イベントに参加する人たちに対して、少しでも森林保全の問題意識を持ってほしい意味合いもあるのだ。

一方、鳥取県智頭町では、地域の保護者たちが2009（平成21）年に、森の幼稚園を開園し、自然とふれあう教育環境がメディアなどでも話題になった。町内の森林フィールドを拠点にするなど、独自の取り組みで園児の自主性や自然の中で培われる感性を伸ばそうという狙いで、入園希望者が増えている。県外からの入園希望者もいて、鳥取へ移住する人もいた。その人気から、同じようなコンセプトで森の幼稚園が鳥取市内に開園されている。のびのびと主体性のある子どもを育てる環境づくりに森林を活かそうという試みだ。これも新しい時代の森林利用のひとつである。

森林利用では、ユニークで楽しい試みも行われている。福井県池田町では、森林一帯をテーマパークにした体験型施設「ツリーピクニックアドベンチャーいけだ」を２０１６（平成28）年に開業した。この森では、アスレチック体験のほか、川下りやコテージ宿泊など、滞在型の自然体験が手軽に楽しめるとして人気を呼んでいる。

２０２０年は新型コロナウイルスの感染拡大で、各種イベントは中止になり、学校は休校になり、多くの企業ではテレワークが導入された。２０２０年、２０２１年と2回の緊急事態宣言が発令され、事態の収束は見えないままだ。そういう中で、密になりにくい山林が注目され、ソロキャンプをしたい人が増えている。これも新時代の森林利用の特徴だろう。

さらに、企業では今後テレワークを積極的に推進するために、これまで研修などで森林のある地域へサテライトオフィスを設けたり、集約していたオフィスを分散させたりして感染症予防対策を進めている。そうなれば、森林利用の可能性は、地方創生の枠を超えて、さらに広がっていくだろう。

## 日本の森林でカーボン・オフセットを実現できるか

２０２０年10月26日、菅義偉首相は所信表明演説で、温室効果ガス排出量を２０５０年までに実質ゼロにする目標を宣言した。すでに6月には経団連が二酸化炭素排出実質ゼロを目指す「チャレンジ・ゼロ」構想を提唱していたこともあった。では実際に実現可能なのだろうか。

政府の方針が明確になれば、企業もその方向で新たな投資や技術開発に取り組む。一方で、これまでにも取り組まれてきた温室効果ガスや廃棄物を出さない「ゼロエミッション」や、企業活動で排出した温室効果ガスと同等分を他の方法で吸収させれば、ガスの排出量をゼロと見なす「カーボン・オフセット」の考え方も広がっている。簡単に言えば、企業などが生産活動で排出した温室効果ガスを、別の場所で削減・吸収活動することで埋め合わせるのである。具体的には、国が認証する「J-クレジット制度」などを利用することで実行する。

これは、二酸化炭素などの温室効果ガスの排出削減量や吸収量を「クレジット」として国が認証する制度。こうして創出されたクレジットは、低炭素社会実行計画の目標達成やカーボン・オフセットなど、様々な用途に活用できるとしている。

ところで、このクレジットだが、再生可能エネルギーの導入や、植林や間伐等の森林管理によっ

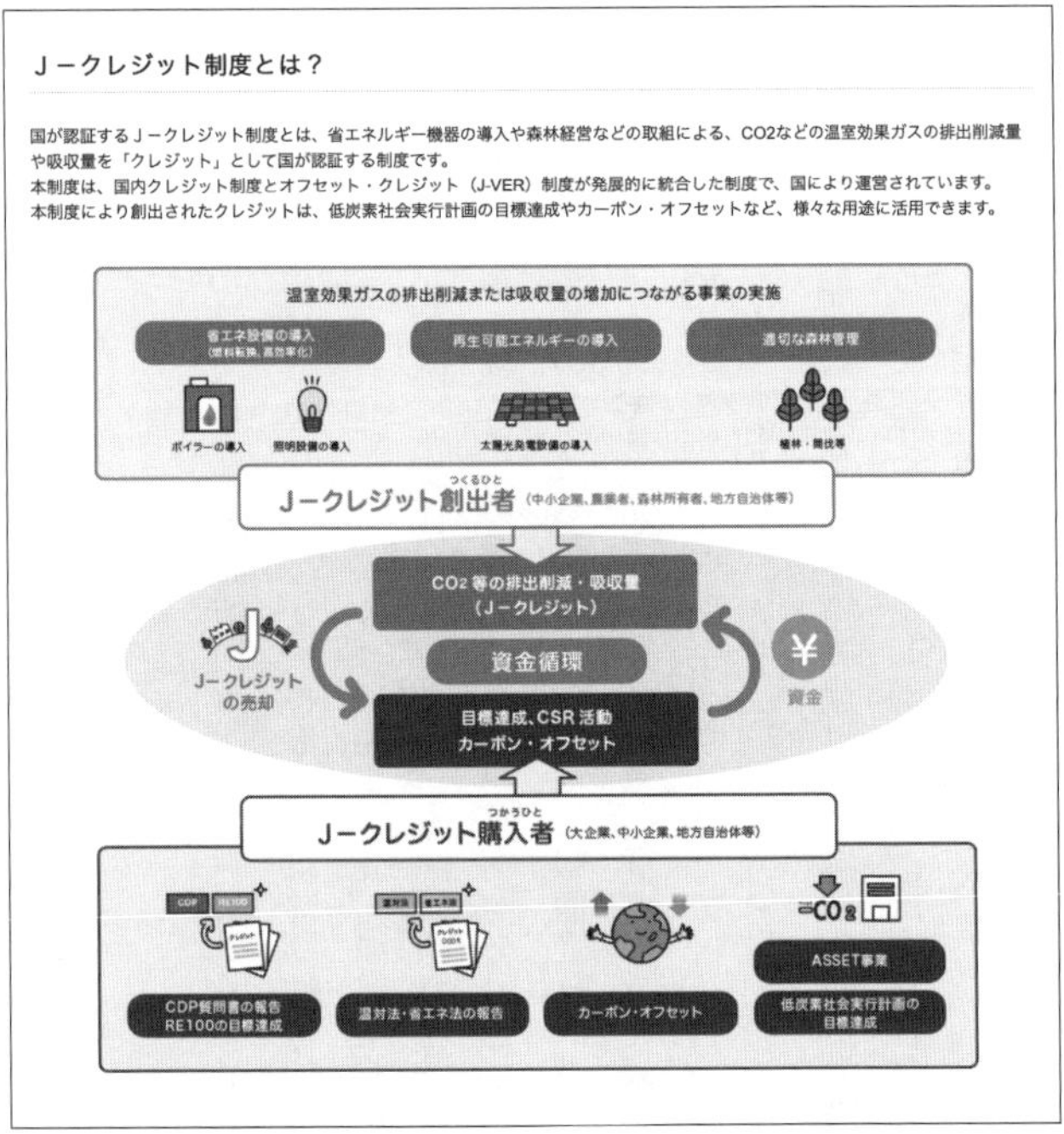


出典：「J- クレジット制度」のウェブサイトより一部引用（https://japancredit.go.jp/about/）

J- クレジット創出者は、 J - クレジットを売却し資金を得る。一方、J- クレジット購入者は、J- クレジットを購入することで、計算上カーボン・オフセットを実現する。

て実現できた「温室効果ガスの排出削減・吸収量」に相当する。つまり温室効果ガスを削減したい側は金銭を支払い、クレジットを買い取ることで排出した分の温室効果ガスを計算上減らすことになるのである。

このクレジットを利用する企業側は、CSR（企業の社会的責任）活動などにおいて環境保全への取り組みの訴求ができる一方、クレジットの提供側の吸収活動を資金面で支援できる、ウィンウィン（Win-Win）の関係をつくりだしている。

2013年に「J-クレジット」はスタートしたが、それまでは「国内クレジット制度」と「J-VER（オフセット・クレジット）制度」があり、統合されたかたちだ。それまであった2つのクレジット制度の違いは、J-VER制度に森林吸収プロジェクトも含まれていた点だろう。間伐促進型森林経営プロジェクト、持続可能森林経営型森林経営プロジェクト、植林プロジェクトが認められていた。

さらに、J-VER制度における温室効果ガス排出量の測定、報告および検証に関して、国内クレジット制度より厳格に行われていたため、認証にコストがかかり割高だったのである。当然、購入者は不満を抱える。そこで、クレジット制度を再構築すべく、主管官庁の経済産業省、環境省、農林水産省が取り組んだのがJ-クレジットなのである。

J-クレジットは、大別すると「通常型プロジェクト」と「プログラム型プロジェクト」に分か

**適用方法論別登録件数及び2030年度までの認証見込量**
（旧制度からの移行分は含まず）

通常型プロジェクト

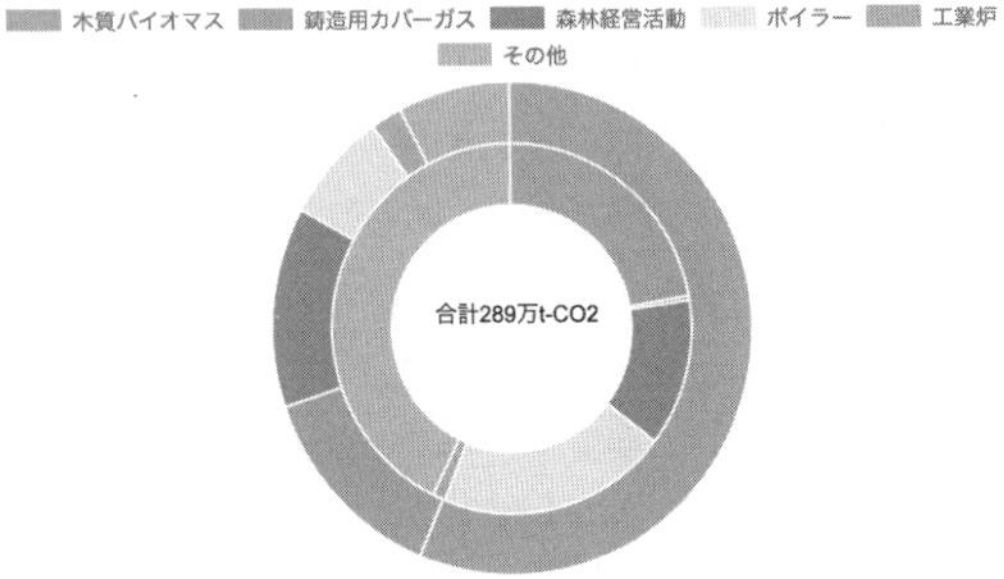


※内円がプロジェクト件数、外円が認証見込量を示します。
※1つのプロジェクトに複数方法論を適用している場合があります。

プログラム型プロジェクト

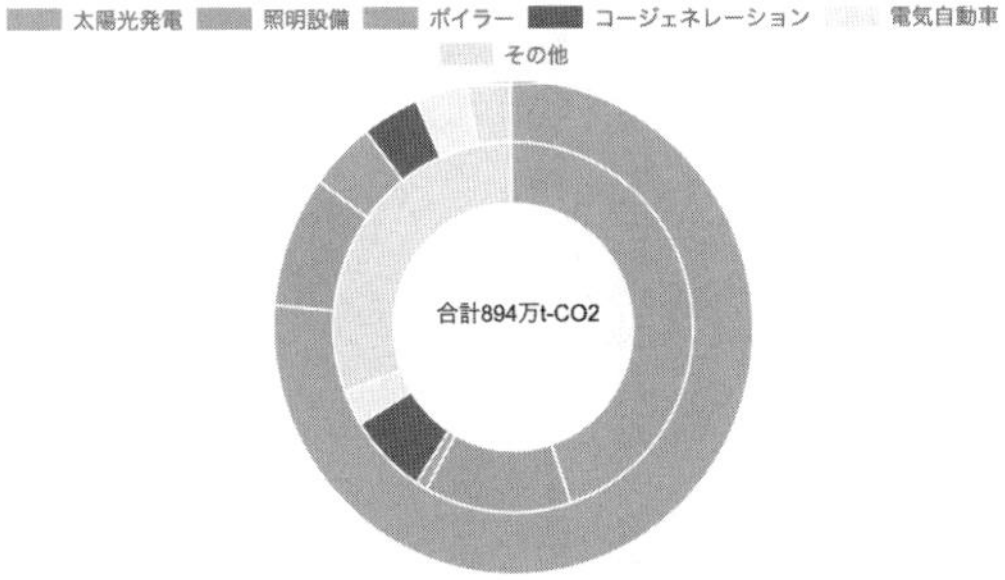


※内円がプロジェクト件数、外円が認証見込量を示します。

（2021年1月時点）

出典：「J- クレジット制度」のウェブサイトより一部引用

J- クレジット制度には、通常型プロジェクトとプログラム型プロジェクトがあり、制度の最新状況は「適用方法論別登録件数及び 2030 年度までの認証見込量」でわかる。森林由来のクレジットに関しては、通常プロジェクトになるが、今後の利用拡大が期待される。

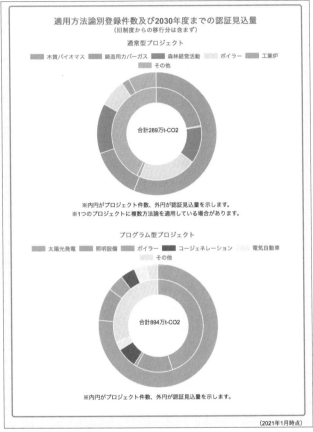

れる。

プログラム型プロジェクトとは、小規模な削減活動を取りまとめて一つのプロジェクトとし、随時削減活動を追加することができるプロジェクトになるが、関わる属性が共通している必要がある。補足すると、この属性とは、ある共通した運営・管理者または構成者にあたる。一例を挙げれば、農業協同組合の会員の栽培施設におけるヒートポンプの導入のプロジェクトだったり、商店街組織の加盟店舗における照明設備の更新による削減活動のプロジェクトなどである。

通常型とプログラム型と共通しているのは、次のことだ。

①日本国内で実施していること
②プロジェクト登録を申請した日の2年前の日以降に実施されたものであること（ただし、森林管理プロジェクトを除く）
③追加性を有すること
④本制度にて承認された方法論に基づいていること
⑤妥当性確認機関による妥当性確認を受けていること
⑥（森林管理プロジェクトの場合）永続性担保措置がとられ、適切な認証対象期間が設定されていること

## ⑦その他本制度の定める事項に合致していること

では、現在のJ－クレジットに制度に変わって、以前の2制度の問題が解決されたかと言えば、課題は残されたままである。ある研究者から聞いたところでは、「例えばクレジットの売買について1トンあたり、いくらになるのか明らかにされていない。クレジットが数千円単位で取引が成立したり、トンあたり1万円単位で取引される場合もある」という。それではクレジットを購入する企業側も迷うだろう。

なお、クレジットの購入にあたっては、どういう方法で温室効果ガスの排出削減・吸収を図ることができるのか、その技術ごとに適用範囲、排出削減・吸収量を算定する方法（算定式）がある。削減・吸収の方法としては、現在のところ「省エネルギー」「再生可能エネルギー」「工業プロセス」「農業」「廃棄物」「森林」に分けられている。

この制度の中で森林由来のクレジットを活用して、温室効果ガスを吸収する方法がある。この森林由来のクレジットとは、植林や間伐など森林の適正な管理を実施することで二酸化炭素吸収量をクレジットとして国が認証するものだ。実態としての温室効果ガス削減の達成と、その成果が本当にあるのか検証は難しい部分もあるが、計算上はカーボン・オフセットを実現していることになる。

例えば、2017年に凸版印刷では、「熊本県県有林による間伐を用いた温室効果ガス吸収事業」

のクレジットを活用している。森林吸収による二酸化炭素の埋め合わせと共に、熊本地震被災地復興支援を図るという狙いもあった。

また、川越に本社を構える「コエドビール」で知られるコエドブルワリーは、「埼玉県もくねん工房の木質ペレットを活用した化石燃料代替プロジェクト」のクレジットを利用し、同じ埼玉県内で温室効果ガスの削減に取り組んでおり、その広がりは今後も大きくなりそうだ。

しかし、国内の森林によるカーボン・オフセットは、まだ取り扱い規模が大きくはない。クレジットを購入する企業側の活動方針や地球温暖化対策への取り組みがもっと積極的になることを期待するしかいまのところはない。

## 地球温暖化対策に森林保全は有効か

森林に期待されるのは、治水や生物多様性の保全、そして地球温暖化対策だろう。近年の異常気象による台風の大型化、集中豪雨による河川の洪水や土砂崩れなど、その被害は年々大きくなっている。都市部では床下・床上浸水が毎年のように起き、その被害額は膨大になる。

例えば、２０１９（令和元）年の山地災害の発生状況を見ても、被害箇所が約２０００、被害金額は約6400億円にも及ぶ。こうした自然災害に対し、これまでも対策は進められてきた。だが、安全安心な国土づくり、森林づくりが進むスピードが追いつけないようだ。特に山地災害防止、水源の涵養など、公益的機能を持つ保有林の整備、強化が早急に求められているのが現状でもある。

2018（平成30）年に改定された「国土強靭化基本計画」では、山地災害対策を強化するとし、災害に強い森林づくりに取り組むことになっている。そういう意味では、山林を購入しようという人たち、または山主は、国土強靭化基本計画に間接的に関わっているのである。

山林は連続した広がりを持つ空間で、多様な楽しみ方ができるだけでなく国土を守る土台にもなっている。植林や立木の管理など、環境を整えておくことは山主の責任でもある。

林業が衰退しているいま、森林面積の拡大は厳しい時代になった。建築用材として木材のニーズを高めなければ、「植林する、育林する、伐採する」の循環サイクルがスムーズに機能しない。現状は、植林して育林したまま放置されている山林が多い。

温室効果ガスなどを吸収する森林面積を広げることは、地球温暖化対策としても有効なだけでなく、J－クレジットの利用をしようとする企業の環境保全活動をサポートすることにもつながっている。森林によるカーボン・オフセットのクレジット創出が増えて、活用する企業が広がれば、森林面積はさらに広がっていくだろう。そうした動きがサステナブルな社会を実現することになるのだ。

森林を整備し、適正な管理をすることは小さな一歩だが、森林保全につながり、地球温暖化対策としては有効なのである。

## 里山の課題〜野生動物による被害〜

一口に山林と言っても、町から随分離れた山林の奥なのか、民家がまばらにある里山なのかでも野生動物の出現頻度は違ってくる。特に里山と接しているような地域に田畑があれば、食料を求めて野生動物は現れる。鹿やイノシシなどの野生鳥獣は、近年個体数を増加させており、里山周辺の被害は金額ベースに換算すると相当な額に及ぶ。

山林購入者にも野生鳥獣の被害は及ぶ。例えば、鹿は木の樹皮をかじって食すため、被害にあった立木は木の内部から腐敗して枯れることも増えている。野生の鹿が増えると、何十年もかけて育林してきた林業関係者たちの被害が大きくなる可能性があるのだ。野生の鹿は、保安林の立木だろうが、保安林以外の立木だろうが、関係なく木の皮を剥いで、内部の柔らかい部分を食べる。こうした鹿による被害に対策を講じなければ、近隣一帯の山林に被害がどんどん広がってしまう。

野生動物による森林被害はニホンジカによるものが6割と言われている。2018年度には約

5900ヘクタールの森林で被害が発生し、その約7割が鹿による被害だったという報告もある。

林野庁によるとニホンジカによる主な被害は枝や葉、冬場のエサとして樹皮を食べるといった食害があるほか、オス鹿が角を木にこすりつけて樹皮を剥ぐ行為があり、全国の森林の約2割で被害が確認されている。

鹿の行為によって立木が枯れたり、木材としての利用価値が損なわれたりすることで、経済損失が大きいばかりでなく、森林環境のバランスが崩れる懸念も大きい。鹿の繁殖力は高く、4、5年で個体数は倍増するといわれる。鹿が森林内へ多く出現しはじめると、森の生態系のバランスも崩れる。例えば、森林の下層植生が失われたり、土壌が浸食されたりして、森林生態系への影響が出る。

長崎県対馬では、鹿による森林の食害で表土が露わになって、土壌が流出したり、福井県嶺南地域では下草が食べ尽くされて裸地化する事態になっている。一度こうした被害が広がると、土砂崩れや地滑りを誘発しかねない。鹿による獣害を放置していると、キャンプのために購入した山林の立木が次々と枯れて下草もなくなり、土砂の流出もしやすい森林環境へ様変わりすることになりかねないのである。

近年は熊が里山に降りて来て、人家へ餌を求める事件も頻繁に起きている。異常気象による温暖化で、冬眠が浅い熊が人里まで出現したのだ。陸生の生物の約8割が森林に生息しているが、食物

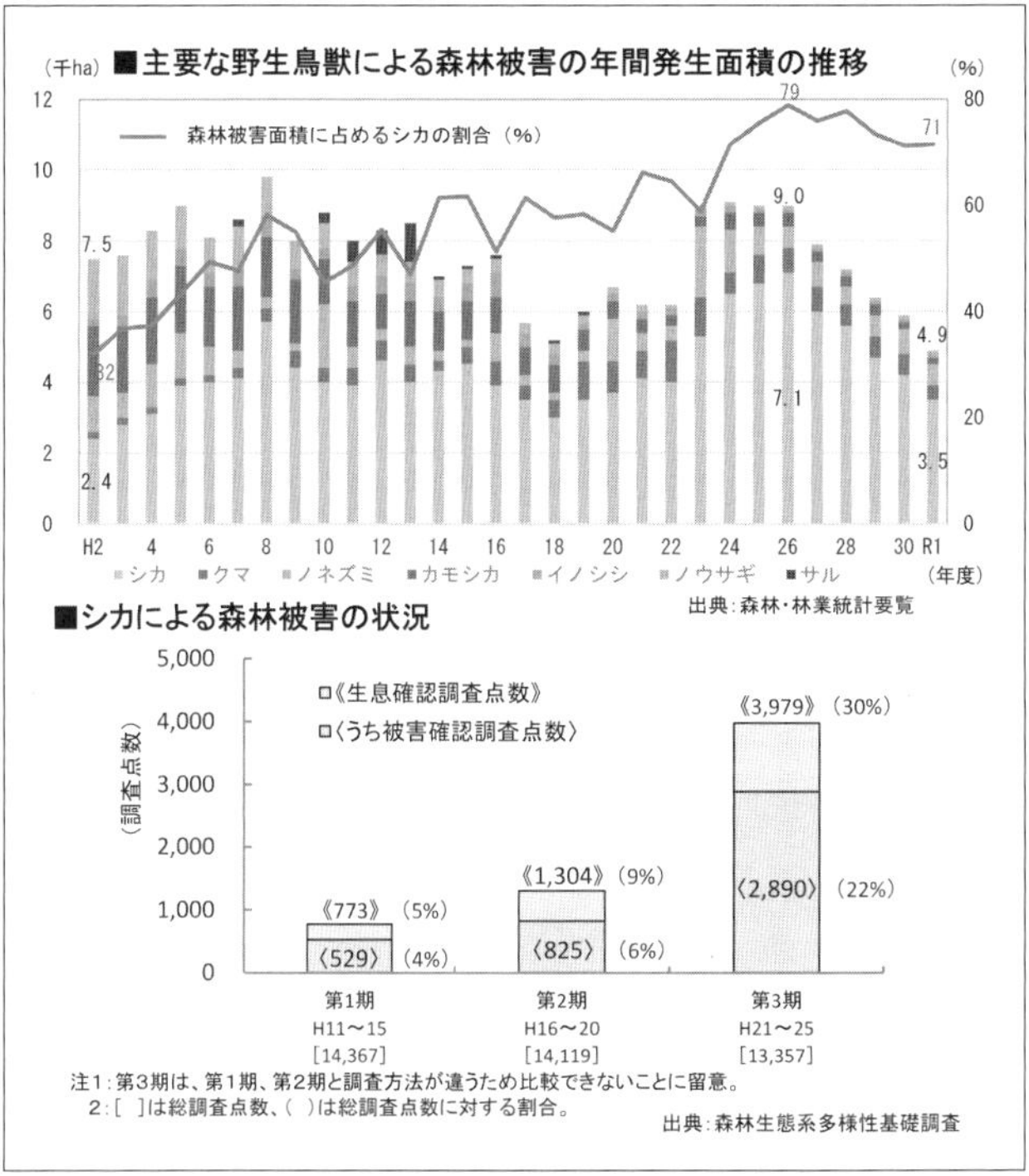


出典：「森林における鳥獣害対策について」令和２年10月（林野庁）より一部引用。

鹿の生息数の増加と生息域の拡大で、被害は年々大きくなり、全国の森林の約2割で鹿による被害がある。

連鎖のバランスを維持するだけでも森の様相は変わる。むやみな殺生や動物の迫害は避けるべきだが、森林環境の維持と動植物の共生のバランスをどのようにとらえるのか。山主に託された課題として考えたい。

鹿や熊だけではなく野生動物による被害がどの程度あり、自分が購入する山林の地域ではどのように対策をしているのかを知っておくことは、長く山林を所有していく上でも重要なことになる。立木の育成や植生の管理とともに、自然の生態系のバランスをいかに守っていくかも山主が考えていかなければならない課題のひとつだ。隣接する山林やその周辺の山域におよぶ影響をどのように考えるのか、その責任は山主ひとりひとりにあるのは間違いないのである。

# おわりに

２０２１年、１月７日に２度目の緊急事態宣言が東京をはじめ１都３県に発出された。新型コロナウイルスの感染拡大で、２０２０年から不自由な生活を強いられ続けている。そんな中で、三密にならないアウトドア活動が注目を浴び、にわかキャンパーも増えている。プライベートキャンプをしたいというニーズから、山林が次々と売れている。いままで売買される機会が少なかった山林の価値が、これから大きく変わっていくことに期待したい。

本書は、プライベートキャンプ用の山林購入ガイド本ではない。山林を取り巻く状況と、すでに山林を購入している人たちの山に対する思いをまとめた一冊である。

テレワークが本当に定着して毎日の通勤から解放されれば、都心から地方や郊外へ引っ越す人たちが増える可能性もあり、今後はそういう人たちが里山に親しむ中で山を購入するきっかけもありそうだ。ただし、ブームに乗せられていい加減な物件を買わないように、購入にあたっては慎重さを忘れないでほしい。宅地とは違い、山林の場合は売却しようとしてもすぐには買い手がつきにくい。購入しようとする山林の市場ニーズがあるかどうか、売れる物件かどうかの視点で山林を見てほしい。

また、割安に入手できる山林だからといって、いい加減な管理のまま放置するようなことになりそうなら、すぐに手放す心づもりでいることも必要だろう。購入者にとって、プラスの資産になる山林を手に入れられればこれほど幸運なことはない。登山とはまた違う満足感を得ることもできる。多面的機能を備える山林は、多様な自然の楽しみを山主に与えてくれる。その恵みを享受できる喜びが大きな魅力なのだろう。多くの人の話を聞いているうちに、無性に山歩きをしたい衝動に突き動かされた。コロナ禍が収束したら、ゆっくりと山へ出かけてみたいと思っている。そんな日が早く訪れるように願うばかりである。

今回、取材に快く応じてくださった皆様はじめ、多大なお力添えをくださった山林バンクの辰己昌樹さんには厚くお礼を申し上げます。

また最後になりますが、編集担当の吉野徳生さんとは別の企画で頓挫したこともあり、今回ようやくかたちにできたことは、未踏峰のピークを踏んだような感慨があります。本当にありがとうございました。

福﨑 剛

・林野庁「外国資本による森林買収に関する調査の結果について」
プレスリリース2020年5月8日

・林野庁「森林の有する多面的機能と森林整備の必要性」令和2年8月

・林野庁「森林における鳥獣害対策について」令和2年10月

・林野庁経営課「森林組合の現状と課題」令和2年10月

・渡邉真大「地下水保全のための制度整備に向けて」香川大学
経済政策研究第11号(通巻第12号)2015年3月

## 参照ウェブサイト

・一般社団法人日本オートキャンプ協会
https://www.autocamp.or.jp　2021年1月17日閲覧

・一般社団法人日本ログハウス協会
http://www.loghouse.jpn.com 2021年1月17日閲覧

・京都府森林組合連合会
http://www.kyoto-shinrin.jp/sinnrinnkumiai2.html　2021年1月10日閲覧

・独立行政法人?国民生活センター
http://www.kokusen.go.jp　2021年1月10日閲覧

・国土交通省「土地総合情報システム」
https://www.land.mlit.go.jp/webland/ 2021年1月17日閲覧

・埼玉県
https://www.pref.saitama.lg.jp/index.html　2021年1月17日閲覧

・山林バンク(マウンテンボイス)
https://sanrinbank.jp 2021年1月10日閲覧

・山林売買.net
http://www.sanrin.net 2021年1月10日閲覧

・J－クレジット制度
https://japancredit.go.jp　2021年1月10日閲覧

・自然と暮らす
https://www.inaka-gurashi.co.jp 2021年1月10日閲覧

・政府広報オンライン
https://www.gov-online.go.jp/index.html　2021年1月10日閲覧

・東京財団政策研究所
https://www.tkfd.or.jp　2021年1月10日閲覧

・内閣官房・内閣府総合サイト
https://www.kantei.go.jp/jp/singi/sousei/index.html　2021年1月17日閲覧

・矢野経済研究所
https://www.yano.co.jp　2021年1月10日閲覧

・山いちば
https://yamaichiba.com　2021年1月10日閲覧

・林野庁
https://www.rinya.maff.go.jp 2021年1月17日閲覧

※このほか、多くの新聞、雑誌、ウェブサイトなどを参考にさせていただきました。

## 参考文献・資料


・秋田県林業研究研修センター『森林管理入門』秋田県林業普及冊子No.26

・阿部剛志「適切な国土資源管理を脅かす土地所有問題とその処方箋」
『季刊 政策・経営研究』2014年Vol.1 pp.92-113

・石川幹子『都市と緑地 新しい都市環境の創造に向けて』(岩波書店)2001年

・大橋力『音と文明』(岩波書店)2003年

・カルロ・ロヴェッリ『時間は存在しない』(NHK出版)2019年

・河辺俊太郎「企業によるJ-クレジット(J-VER)制度の地域森林保全への活用の実態とその課題」(東京大学大学院 工学系研究科 都市工学専攻 修士論文2020年度)

・功刀祐之、有村俊秀、中静透、小黒芳生「主観的幸福度と自然資本
—ミクロデータを用いた分析—」(環境科学会誌 30(2) pp.96-106 2017年)

・経済産業省「地球温暖化対策と環境ファイナンスの現状について」2020年2月17日

・経済産業省「2050年カーボンニュートラルに伴うグリーン成長戦略」令和2年12月

・国土交通省(水管理・国土保全局水資源部)「地下水関係条例の調査結果」
平成30年10月

・産経新聞『水源地買収「さらなる規制を」　北海道では条例成立』2012年3月26日

・高橋卓也、内田由紀子、石橋弘之、奥田昇「農山村において森林に関わる幸福度に影響を及ぼす要因の実証的検討:滋賀県野洲川上流域を対象として」
(環境経済・政策学会2018年度研究大会)

・東京財団政策研究所「日本の水源林の危機〜グローバル資本の参入から
『森と水の循環』を守るには〜」2009年1月

・東京財団政策研究所「グローバル化する国土資源(土・緑・水)と土地制度の盲点
〜日本の水源林の危機Ⅱ〜」2010年2月

・日本オートキャンプ協会『オートキャンプ白書2020』

・福﨑剛「住まいの都心回帰は終わる」『サンデー毎日』(毎日新聞出版)
2020年8.2号 pp.18-21

・福﨑剛「不動産市場に異変アリ」『サンデー毎日』(毎日新聞出版)
2020年10.25号 pp.100-103

・藤岡義生・林野庁企画課「森林の多面的機能と我が国の森林整備」
平成25年度森林・林業白書

・本多静六『お金・仕事に満足し、人の信頼を得る法』(三笠書房)2005年

・三好規正『地下水の法的性質と保全法制のあり方〜「地下水保全法」の制定に向けた課題〜』地下水学会誌 第58巻第2号 pp.207-216 2016年

・武者利光「1/fゆらぎと快適性」日本音響学会会誌50巻第6号 1994年 pp.485-488

・モード・バーロウ、トニー・クラーク『「水」戦争の世紀』(集英社新書)2003年

・矢野経済研究所「アウトドア市場に関する調査を実施(2020年)」プレスリリース
2020年12月2日

・吉村和就「21世紀は水の時代　水資源を取り巻く世界と日本の現状」月刊誌
『ビジネスアイエネコ　地球環境とエネルギー』2012年4月号(日本工業新聞社)

・林野庁『令和元年度 森林及び林業の動向　令和2年度森林及び林業施策』
(森林・林業白書全文)

装丁・本文ＤＴＰ＝阪本英樹（エルグ）
編集＝吉野徳生（山と溪谷社）

**福崎 剛**（ふくさき　ごう）

鹿児島県生まれ。東京大学大学院修了（都市工学専攻）。日本ペンクラブ会員。登山歴は、アイガー、マッターホルン、モンブラン、エトナ火山など。メドック・マラソンを５回完走したボルドーワイン騎士（コマンドリー・ド・ボルドー）。マンション管理問題から、景観保全のまちづくり、資産価値の高い住宅選びなど、都市計画的な視点でわかりやすく解説。『マンションは偏差値で選べ！』（河出書房新社）、『本当にいいマンションの選び方』（住宅新報社）など、著書多数。

**山を買う**　YS058

2021年３月５日　初版第1刷発行

著　者　福崎 剛
発行人　川崎深雪
発行所　株式会社山と溪谷社
〒101-0051
東京都千代田区神田神保町１丁目105番地
https://www.yamakei.co.jp/
■乱丁・落丁のお問合せ先
山と溪谷社自動応答サービス
電話　03-6837-5018
受付時間／ 10時～ 12時、13時～ 17時30分
（土日、祝日を除く）
■内容に関するお問合せ先
山と溪谷社
電話　03-6744-1900(代表)
■書店・取次様からのお問合せ先
山と溪谷社受注センター
電話　03-6744-1919／ファクス　03-6744-1927

印刷・製本　図書印刷株式会社

定価はカバーに表示してあります

Printed in Japan　ISBN978-4-635-51073-8